蜜蜂产业 从业指南 丛书

养蜂一招鲜

◎霍 炜 李海燕 主编

天天一招鲜 养蜂变简单

中国农业科学技术出版社

图书在版编目(CIP)数据

养蜂一招鲜／霍炜，李海燕主编 . —北京：中国
农业科学技术出版社，2014.1
（蜜蜂产业从业指南）
ISBN 978 - 7 - 5116 - 1448 - 3

Ⅰ. ①养…　Ⅱ. ①霍…②李…　Ⅲ. ①养蜂　Ⅳ. ①S89

中国版本图书馆 CIP 数据核字（2013）第 278771 号

责任编辑	闫庆健
责任校对	贾晓红

出 版 者　中国农业科学技术出版社
　　　　　北京市中关村南大街 12 号　邮编：100081
电　　话　(010)82106632(编辑室)　(010)82109704(发行部)
　　　　　(010)82109709(读者服务部)
传　　真　(010)82106625
网　　址　http://www.castp.cn
经 销 者　各地新华书店
印 刷 者　北京华正印刷有限公司
开　　本　710mm×1 000mm　1/16
印　　张　13. 25
字　　数　227 千字
版　　次　2014 年 1 月第 1 版　2015 年 7 月第 3 次印刷
定　　价　24. 00 元

《蜜蜂产业从业指南》丛书
编 委 会

《养蜂一招鲜》
编 委 会

主　　编：霍　炜　李海燕

副 主 编：闫庆健　方兵兵　熊翠玲

参编人员：（按姓氏笔画排序）

方兵兵　刘世丽　闫庆健

李海燕　熊翠玲　霍　炜

《蜜蜂产业从业指南》丛书
总　序

　　我国是世界第一养蜂大国，也是最早饲养蜜蜂和食用蜂产品的国家之一，具有疆域辽阔，地形多样等特点。我国蜜源植物种类繁多，总面积超过3 000万公顷，一年四季均有植物开花，蜂业巨大潜力待挖掘。作为业界影响力大、权威性强的行业刊物，《中国蜂业》杂志收到大量读者来函来电，热切期望帮助他们推荐一套系统、完善、全面指导他们发展蜂业的丛书。这当中既有养蜂人，也有苦于入行无门的"门外汉"，然而，在如此旺盛的需求背后，市场却难觅此类指导性丛书。在《中国蜂业》喜迎创刊80周年之际，杂志社与中国农业科学技术出版社一起策划出版了这套《蜜蜂产业从业指南》丛书。

　　丛书依托中国农业科学院蜜蜂研究所及《中国蜂业》杂志社的人才和科研资源，在业内专家指导、建议下选定了与读者关系密切的饲养技术、蜂病防治、授粉、蜂产品加工、蜂业维权、蜜蜂经济、蜂疗、蜂文化、小经验九个重点方向。丛书联合了各领域知名专家或学科带头人，他们既有深厚的专业背景，又有一线实战经验，更可贵的是他们那份竭尽心力的精神和化繁为简的能力，让本丛书具有较高的权威性、科学性和可读性。

　　《蜜蜂产业从业指南》丛书的问世，填补了该领域系统性丛书的空白。具有如下特点：一是强调专业针对性，每本书针对一个专业方向、一个技术问题或一个产品领域，主题明确，适应读者的需要；二是强调内容适用性，丛书在编写过程中避免了过多的理论叙述，注重实用、易懂、可操作，文字

简练，有助掌握；三是强调知识先进性，丛书中所涉及的技术、工艺和设备都是近年来在实践中得到应用并证明有良好收效的较新资料，杜绝平庸的长篇叙述，突出创新和简便。

我们相信，这套丛书的出版，不仅为广大蜂业爱好者提供了入门教材，同时，也为蜂业工作者提供了一套必备的工具书，我们希望这套丛书成为社会全面、系统了解蜂业的参照，也成为业内外对话交流的基础。

我们自忖学有不足，见识有限，高山仰止，景行行止，恳请业内同仁及广大读者批评指正。

袁杰

2013 年 10 月

前　言

　　本书珍贵之处在于内容为养蜂生产第一线实践经验的汇编，是全国几代养蜂者劳动智慧的结晶。汇编共收集了自 2005 年至今的行业内杂志《中国蜂业》里所有养蜂生产有关的内容，共计 358 则。每一个小经验里都凝结养蜂者无数的探索和实践劳动以及心血和汗水。

　　虽然寄来的稿纸已经发黄，虽然内容里有些文字并不优美，但却充满无限的活力，无比生动和真实。就是这些平凡而伟大的劳动者一直鼓励着编者在十几年平凡的工作中，始终怀着满腔热情，认真把每一条小经验精心呵护。可以说该书的真正作者是这些平凡的劳动者，他们有身患残疾自强不息的同志，有一生投身养蜂事业历尽坎坷的老先生，有无数热爱养蜂的基层中小学教职工和乡镇干部，有靠养蜂供养子女上大学的父母，还有靠养蜂自食其力的老一辈养蜂者。他们以对蜜蜂的无限热情无私地把自己的宝贵经验和心得写出来与大家分享。正如毛主席所说："人民，只有人民才是创造历史的真正动力"。

　　为便于广大养蜂工作者相互学习、交流、参考借鉴，并结合自己的实际情况、选择应用。现将这些行之有效的小窍门、小经验、小改进、小创造、小发明以及蜂疗保健小验方等整理分类，汇编成册。以为蜂农增收、农业增效、人民保健和促进我国蜂业持续、稳定发展服务。

　　因时间仓促水平有限，难免会有缺点和错误，请业内同仁、广大读者见谅并不吝指教。

编　者

2013 年 9 月

目　　录

蜜蜂饲养管理篇

养蜂机具篇

蜂疗保健篇

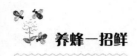
病害防治篇

蜜蜂饲养管理篇

中蜂增产的重要举措

　　饲养中蜂的收益主要是蜂蜜。随着人们生活水平的不断提高，消费者都认为中蜂蜂蜜营养价值比西蜂蜂蜜高，市售价格几十元1斤（1斤＝500克，全书同）。但中蜂产蜜量大大低于西蜂产蜜量。怎样提高中蜂产蜜量是饲养中蜂的朋友们普遍关心的问题，也是亟待解决的问题。

　　多年来，我采用下述方法饲养蜂群，获得了可观的经济效益。简要介绍给大家。

　　由于自然中蜂巢是半圆球形，若用西蜂标准箱来饲管中蜂群，3～4脾蜂的群势是可以增产的（小群势）。若超过此界限，就不理想，必须及时升上继箱，所有巢脾都放在继箱内，这样还有利于通风降温，因为中蜂最怕热。不加隔王板，巢脾不设下框梁，任蜂群往下造新脾，有利于蜂群形成半圆状球形。若储蜜已封盖，还处于蜜粉源丰富时期，就可随时用快刀割取上框梁与第一道铁丝上的蜜块，其余巢脾因下边还有两道固定铁丝，脾不会掉下来。不久被割取的蜜块处会重新补造新脾，这样不断地割取，割取的次数越多，增产效果越明显。还能有效控制怠工现象，少分群。根据群势的需要，以原有巢脾超出原标框架的1/3或2/3时，再添加空框架（不用巢脾），进行扩巢，由蜂自由造新脾。次年春分时，将所有上年老巢脾一次性换掉。根据蜂量多少，适当放置空框架，并于当夜进行奖饲，任工蜂自行造新脾，这样就能增产50%以上。养中蜂的朋友们不妨试一试。

　　（河南西峡职专，474500　陈学刚　谢　旭，供稿）

早春区分处女王的方法

深秋野外断蜜后，因受天气影响或怕引起盗蜂，往往不能按时检查蜂群。蜂群中总会有漏查的处女王越冬。越冬后的处女王外表与受精蜂王难以区分。如果在育王时就将留用的蜂王根据蜂场管理的需要按不同方式剪去部分翅来加以标记，早春蜂群排泄后，检查蜂群就能毫不费力地判断出受精蜂王和处女王了，也就避免了误用处女王进行春繁的问题，避免宝贵的蜂力和时间被白白浪费。

（黑龙江林甸县黎明乡志合村，163000　赵　静，供稿）

防止蜂群被投毒

近年来，在本地时常发生蜂群被人为投毒的事件。由于种种原因案件从未被侦破。发生投毒的事件，一个原因在于养蜂者警惕性不高。2009 年，林师傅的 40 箱意蜂到我地某农场采荔枝蜜，结果荔枝蜜未收到，蜂群却全部被毒死。可能与蜂场在当地销售少量蜂蜜有关。同年，蔡师傅的意蜂搬到我地区越冬，被邻村的中蜂场下毒毒死大部分采集蜂，造成较大损失。原因是越冬时意蜂进入中蜂群盗蜜，中蜂场场主投毒将盗蜂毒死。2009 年冬季也有同样的事件发生。好在养蜂者都是老相识，大家协商解决避免了一场损失。

2010 年荔枝花期潮阳师傅来采荔枝蜜，结果荔枝蜜没收到蜂群反而全被毒死。近日在陆丰越夏的蜂友整个蜂场 100 多群蜂所剩无几。所以，放蜂在外千万要小心，切莫大意。蜂场安全以防为主，要多与蜂友沟通，尽力主动将对手转变成朋友。

（广东惠来县溪西镇双洋村，515235　张汉生，供稿）

喷水收蜂法

无论如何精心管理蜂群，还是会发生蜂群飞逃或自然分蜂群飞出的情况。蜂团会在蜂场附近的树木或建筑物上结团。遇到这种情况或者在野外收捕蜂群时，如果处理不好，措施不当，就会使蜂群发生再次飞逃。那样，就很难再收捕了。因为，蜂群一旦被惊扰而再次起飞，就会飞得更远，结团的地点也会更高，就只能望蜂兴叹了。

如果发现蜂群结团，先准备一个带活动底板的蜂箱，找一张幼虫脾放在箱内一侧，盖好箱盖，把放幼虫脾的一侧置于蜂团上方。然后，向蜂团喷水，由下向上喷一圈，喷到蜂团滴水珠为止。一边喷水蜜蜂就一边抖水振翅向上爬行，缓慢地爬向幼虫脾，5～10分钟就全部爬上幼虫脾，工蜂们会在幼虫脾上忙碌起来。整个过程蜜蜂不蜇人，没有零散蜜蜂乱飞的现象。此法利用了蜜蜂恋子、向上、趋黑的生物学特性。蜂友不妨试一试，你会发现蜜蜂会很温顺，效果很神奇。

（湖南郴州市北湖区市郊乡铜坑村卫生所，423000　谭大龙）

光源下勿落场

蜂场如落在夜间有光源处，如路灯下，当夜幕降临灯光辉煌时，大量蜜蜂就会飞向光源。飞向路灯的蜜蜂会围绕路灯乱飞，直到精疲力竭。有的定地养蜂户或城市养蜂爱好者将蜂群放在窗前以及阳台上，夜间室内的灯光吸引蜜蜂扑向窗口。城市阳台上的蜜蜂会飞入上下层或左右邻居屋内，有时蜇了老人儿童会引起不小的麻烦。多数蜜蜂在有光亮的窗上乱爬。

早晨窗台就会有很多飞不起来的蜜蜂。蜜蜂有很强的记巢能力，白天飞出的外勤蜂能准确飞回蜂巢，但夜间一旦飞出就回不来了。养蜂者都希望收获更多蜂产品，但落场在光源下则是个重大失误。转地放蜂的蜂场为了夜间便于照料蜂群，落场在路灯下，导致蜜蜂大量飞出而无法归巢，使蜂群群势削弱。定地养蜂放在小院内或楼房阳台上的蜂群要设合适窗帘，防止蜜蜂飞向窗口。

（辽宁铁岭市中医院，112000　孙立广）

交尾群调整方法

怎样才能连续用交尾箱培育蜂王呢？我的方法是这样的：组织完交尾群，交尾群新王产卵第二天开始育第二批王台，第二批王台到第 10 天时，交尾群第一批新王已产卵 9 天以上，群内已有封盖蛹脾了，可将新王介入大群。

问题的关键是新王不容易介入大群，而且直接将王台或老王介入原交尾群里也很困难，王台会被工蜂破坏，如果介入老王工蜂会围王。怎样避免此现象发生呢，我采用如下方法很好地解决了这个问题。

方法一：新产卵王取走同时，将交尾群内全部卵、虫、蛹脾抖蜂提走与大群对换。在大群里取一脾无卵、无虫的老蛹脾，如交尾群蜂少可以留一部分幼蜂给交尾群换入交尾群。

如果向交尾群分王台，可从大群补给交尾群蜜脾，不用补给花粉脾，当新王取走后，巢脾换完 2 小时，就会发现交尾群工蜂混乱，这就说明工蜂已发现无王，就可以直接将王台放进去，此时工蜂护台积极，成功率达 98%。

方法二：老王往交尾群介入，特别是已产生分蜂热群的老王，因产卵很少或已停产，蜂王腹部已收缩，想把这样的老王直接换入非常困难，成功率很低。我在采取换脾的方法外，不同的是交尾群内只换蜜脾、空脾、粉脾，不换入老蛹脾即可。

当发现交尾群内工蜂找王出现混乱时，可直接将老王放入交尾群就可以了。此法可使老王快速恢复产卵，并且非常积极。恢复正常产卵后，再从大群调入一张老蛹脾与该卵脾或虫脾对换。如果老王在原群是正常产卵的，最好采取第一种方法。

此方法优点是充分利用有限的蜂具在短时间内连续培育尽量多的新王，在无王台情况下可以充分利用老王对失王群进行补充。最大优点是能使生产群进行不间断的换王，保持强群在连续蜜源采集中创高产。

（黑龙江省东宁县老黑山镇小学，157222　毕桂春）

节省饲料小经验

糖价飞涨，节省养蜂开支是摆在每个养蜂者面前的首要工作。解决这个问题可在养蜂管理上采取相应措施：

1. 养强群是节省饲料的有效措施　强群采集力强进蜜快。在同样条件下比弱群消耗少。强群保温力强，等于节省了一部分饲料。

2. 取蜜不能一扫而光　有些初学养蜂者见蜜就摇个痛快。遇天气突变长期阴雨，蜂群挨饿受冻，临时喂进去的要比摇出的消耗多。保持群内蜜粉充足是节省饲料最好的方法，蜂群不会轻易消耗封盖蜜，只有在极困难的情况下，才会取食封盖蜜。蜂群内有 2 张封盖蜜，一般情况下不会为缺蜜发愁。

3. 喂糖要在傍晚进行　白天喂糖蜂群很兴奋，大批采集蜂会飞出，以为外界有蜜源，出勤蜂飞来飞去会耗费不少饲料。

4. 无特殊情况不轻易开箱　不随意开箱，特别是早春和冬季。蜂群失温必定会增加饲料消耗。

5. 小转地采蜜　小转地采蜜运费不多，可有效增加收入。

6. 合理扣王　结合蜜源和天气情况扣王，对节省饲料很有作用。

（湖南耒阳金杯路 5 号铁五局院内 8 栋 203，421800　徐传球）

优质中蜂王的选择

中蜂饲养者要想提高产蜜量，每年春末夏初要及时培育优质蜂王。得到优质蜂王必须做到如下 3 点。

1. 避免蜂王近亲交配。

2. 蜂王要年年如期更换。

3. 在不影响群势的情况下，尽量多分群。

以自然台基为标准，选择台基稍微细长匀称的蜂王，且交尾后产卵率高的为好王。

（河南禹州花石夏庄村，461691 夏启昌）

原生态中蜂王台简易查找法

众所周知，中蜂原生态蜂群（土法或叫老法），每年农历 3 月底至 4

月是分蜂旺季。因巢脾是固定的，群势又大，很难发现蜂巢里王台发育情况及个数，很难掌握其准确的分蜂时间，会造成不必要的损失。为此，养蜂几十年的蜂友，创造出一种独特的查找王台法。就是用烟在蜂团下方轻轻熏一下，蜂会迅速向蜂团上方跑去，趁机把镜子放到蜂团下面的地板上，用手电灯照到镜子上，利用反光会清楚的看到蜂巢内王台发育情况及个数（因为王台都在巢脾下部的边沿上）。这种方法，简单省事省时。

（河南内乡县赤眉镇四坪村，474368　陈小堂）

简易保存巢脾法

养蜂场在什么季节都有一部分巢脾需要妥善保存。或是夏末秋初，一到蜜源结束，或是蜜源中断，群势下降时，往往会在蜂箱中出现很多空脾。一般的保存方法是将空脾集中起来放在空箱中。但过不久巢脾就会被巢虫咬得千疮百孔。巢虫吐丝作茧，这是一件很头痛的事。即使用硫磺熏过，不久还是会起巢虫，实在很难保存。在生产实践中我发现意蜂强群清巢虫能力很强，常能把巢虫拖出巢外。利用这一特性，只要将多余的巢脾放在蜂群中隔板外保存就行。空脾上经常会有小量工蜂在巢脾上清理巢脾，也就不会再有巢虫危害巢脾，而且巢脾保存得很完整。但这种方法不适用于中蜂，因为中蜂清巢力弱。春季湿润，蜜蜂常采蜜回巢，蜂蜜水分多，蜜蜂酿蜜常使空脾发霉。故春季也不宜用此法保存空脾。

（湖南耒阳市金杯路5号铁五局院内8栋5楼，421800　徐传球）

特效止盗法

在盗蜂高发季节，盗蜂非常凶猛。一旦盗蜂得手，就会有源源不断的盗蜂飞来，大有踏平蜂巢之势，出现守卫蜂与盗蜂滚打撕咬的悲壮场面。此情景让人毛骨悚然，如果不采取果断措施，就会全军覆没。一般来说，此类型盗蜂，每年都有两个高发期。

一般在流蜜期结束后蜂群强大时期。以我地为例，蜂群强大有两个高峰期：第一个是每年洋槐花期，一般蜂群都很强大，壮群单王可过20框之多。此时正是洋槐流蜜结束后，极易发生盗蜂。

第二个是芝麻花期，蜂群第二次达到强大时期，又是生产期和换王期。芝麻花期结束后，即是盗蜂高发期。此时外界温度下降，冬季即将来临，蜂群察觉到天气变化的信息，要贮蜜过冬。这次盗蜂比洋槐花期来得更凶更猛。

止盗方法：盗蜂向被盗群发起进攻时，首先用纱罩罩住被盗群巢门，30分钟后，80%的盗蜂进入纱罩后关上捕蜂器纱门，放在屋内阴凉处，晚上抖入一蜂箱，用王笼囚一老王挂入，当晚送到5千米以外处养一段时间。然后将被盗群巢门用窗纱堵上，在巢门前50厘米处用麦糠顺风点一堆烟火，让烟入巢门，盗蜂望风而逃。第二天早上蜂群未活动前，检查被盗群，补充蜜脾，密集群势。还要查出盗蜂群，并与之互换位置，3天后再还原位置。

（河南南阳市卧龙区英庄镇孙集村东岗蜂场，473136　宋廷洲）

围王速救法

养蜂数十年，经历过多次解救被围蜂王失败后，我探索出一个比较安全的快速解救被围蜂王的方法。蜂王被围成一个蜂团时，立即用铲刀轻轻将围王蜂球铲放到事先准备好的水碗里，当蜂团落水后围王工蜂遇水就纷纷飞逃，此时快速将蜂王关进王笼。等蜂王身体上的水干后，傍晚，在蜂王身上涂些蜜水，轻轻放到隔板外的箱底即可。第二天早上开箱检查蜂王情况。

（河南新野县王集镇徐埠口村符滩十组，473565　符光华）

春繁防止盗蜂小经验

我一个人养有百余群蜂，因为干活慢，管蜂时间长，在春繁时期，10年中有8年发生蜂场盗蜂。被盗群严重的当年就养不起来了，轻的全年拿不到产量，给养蜂生产造成了严重损失。我曾查阅资料和养蜂书刊，学习其中介绍的防盗方法，用过多种方法，但收效甚微。无奈只得针对我地实际情况，通过自己摸索，找出一个比较适合的有效止盗方法，简介如下。

发现被盗群后，立即将被盗群巢门关闭，巢门前遮盖杂草。如上午发现被盗群关闭被盗群巢门，到中午开巢门，放盗蜂出巢。等到巢门前再次有盗蜂进巢时，再关巢门，盖杂草。天黑后开巢门，同时少喂糖浆。第二天天亮前关巢门，为的是不让盗蜂带蜜返回本巢。巢门盖杂草误导盗蜂滞留在被盗群巢门前，使它不再去别群作盗，消减巢外盗蜂的作盗意念。因巢门被关闭，巢内作盗蜂势力减弱，被盗群护巢能力增强，护巢蜂开始撕咬盗蜂，迫使盗蜂把已掠到腹内的蜜吐出。上午11点后开巢门，目的是防止闷蜂，清除箱前杂草，盗蜂出巢后，在门前停留片刻即飞回本巢。因为没能盗回蜜，也就打消了再去作盗的意念。傍晚，在全场蜜蜂未全部归巢前，被盗群门前若再出现混乱，可将巢门关闭，门前盖杂草。天黑后开巢门，清除杂草，少喂糖浆或调入蜜脾。这样三天左右能止住盗蜂。

（河北唐县齐佐乡北洪城村，072357　邸新占）

取消底纱窗利多弊少

蜂箱取消底窗后，巢虫危害大为减轻，巢虫喜欢在铁纱窗板缝间栖息繁衍。底窗取消后白垩病发病率也大大降低。养蜂者都知道，白垩病病菌最喜爱潮湿环境。当夏季开底窗为蜂群散热时，阴雨天大量的潮气也随即进入蜂箱。取消底窗后，蚂蚁、小蜘蛛、蚰蜒、壁虎等蜜蜂的天敌也多数被拒之门外了。取消底窗对蜂群度夏通风不利，特别是长途转运极易使蜂群受闷，但若开通巢门度夏，通巢门运蜂。

（河南叶县邓李乡璋环寺，467213　孙俊峰）

简易诱王法

我曾在《中国蜂业》2010年第5期《浅谈诱王》中，介绍了以食物为诱饵的诱王方法。经过进一步试验发现，可以直接用蜂蜜作诱饵进行诱王。方法是选用餐巾纸大小吸湿性较强的纸张，将其折叠成指头大小的纸片浸入蜂蜜中吸饱蜜，然后放入王笼中，随后放入被诱蜂王，再按原先的方法处理好即可。纸吸入的蜂蜜释放慢，同样能达到炼糖的效果。由于免去了炼糖的制作程序，诱王工作就更快捷方便了。

（广西象州县象州镇建新路46号，545800　陈鸿德）

养蜂小经验

蜂救蜂，一看这个话题，就产生了一个疑问，蜂死了怎么能救呢？蜂死了绝对是救不活的，所以我这里说死了，不是真死，是假死。蜜蜂什么时候假死呢？只有饥饿后休克，我们称作假死。一群蜂，巢房里没蜜。饿昏休克，冬天在一两天内附在巢脾上还没完全死。这种情况下，很多养蜂者习惯采用加温，喂点蜜水来救活它们。但温度难以准确控制，最后救活的并不多。简单实用的方法是把饿昏的蜜蜂连脾提出，放入正常蜂群里，几分钟后，蜜蜂就把休克的蜜蜂救活。

蜂杀蜂，大家都知道，蜜蜂盗蜜会发生相互撕咬，杀戮。我说的不是盗蜂问题，是杀灭产卵工蜂。失王群时间久了，部分工蜂体内的雌性激素会促使工蜂卵巢发育，就会出现工蜂产卵。到目前为止，据我看到的相关资料报道中，还没有好的解决办法。

以前，《中国养蜂》还专门讨论过这个话题。我在并群的时候，偶然发现解决这个问题异乎寻常地简单，就是将有工蜂产卵群的蜜蜂提出抖落在其他有王群的巢门前，让它们自行爬进蜂巢，在这个过程中，产卵工蜂都会被杀死，拖出在门外。注意，一定不能将产卵群蜜蜂，人为放进有王群里，这样不起作用。必须是抖落在巢门前，而且，抖落的蜂数不能多于有王群的蜂数。产卵群的蜂数一定要少于有王群的蜂数，否则产卵工蜂杀灭不尽。

（北京海淀区青龙桥红山口蜂场，100093　吴小富）

工蜂产卵处理一法

发现工蜂产卵后，老一辈养蜂人的处理方法是将蜂分别抖在多个壮群里，这样就把蜂群拆散了，原箱搬走。这种办法虽然方便但却让人觉得得不偿失。本人经过试验，研究出一种新的处理办法，就是迅速将箱内巢脾上的蜂抖落拿走，一张巢脾都不留，苦饿蜜蜂，直到箱壁上，纱盖上的蜂落入箱底现半死状时，产过卵的工蜂卵巢就会收缩，这时再放入满脾刚封盖的老子脾，经过这一过程，产卵工蜂就不再产卵了。本人运用这个方法处理蜂箱发现效果很好。此外，这种方法不走弯路，不损群。请蜂友细心试试。

（河南新野县王集镇徐埠口村符滩十组，473565　符光华）

利用太阳热能安全合并蜂群

我利用太阳热能进行蜂群安全合并和诱王，效果很好。具体操作方法是：从合并群与被合并群各抽出 1 框蜂，一框有王，另一框无王，同时朝向太阳晒，有王一框的蜂王要对向太阳晒，晒至巢脾有一定热度而不致于巢脾发软时，迅速将两框晒太阳的一面相对紧靠放入合并蜂群。然后把其余的蜂脾提入合并群。盖上箱盖，合并工作即完成。合并原理是利用太阳产生的热量，让两面巢脾气味相同。加之两脾面距离放得较近，不可能出现围王蜂团。气味很快混合，合并成功后不要立马开箱，以免惊动蜂王。注意晒脾时间不要过长，以防巢脾过热。

（湖南耒阳市金杯路 5 号铁五局院内 8 栋 5 楼，421800　徐传球）

蜂业拾零

手上粘蜂胶去除方法 检查蜂群手上难免粘上蜂胶，有时衣服上也可能粘上。用水和肥皂很难洗掉。因为蜂胶不溶于水，但溶于酒精，用酒精棉球擦，很容易除去蜂胶，没有酒精也可用白酒擦，但效果不如酒精。

提脾时要和地面保持90°角 从蜂箱中提出巢脾或翻转巢脾，始终要与地面保持90°角，巢脾面不得与地面平行，以免刚采来的花蜜滴出来。另外，新采的花粉也容易掉下来。

近处买蜂防返回 初学养蜂者为了方便，都在附近买蜂。但蜜蜂记巢力很强，在采集的有效半径3千米内都能准确返巢。有在本屯买蜂因距离近，造成新买的蜂群很快成了弱群。预防方法是在蜂群出室时立即将蜂群运回家。如蜂群已出室数天，可先搬至5千米外放5天，待飞翔蜂忘记原址后再搬回家。

春节鞭炮声影响蜂群安全越冬 蜂群越冬环境要安静。但春节鞭炮声对蜂群很不利，尤其是现在的高升炮，响声如同地雷，足可使蜂团松散，离脾下落，或由巢门爬出。因此，越冬场所要远离村镇。

安装巢础框不埋线 传统方法安装巢础框要用埋线器埋线，将巢框穿好铁线，用埋线器压进巢础中。此法操作起来很麻烦，如巢础质量不很好，还易被埋线器压断。我采用不埋线的方法，省工省时，下在蜂箱中，同样能修出好巢脾。具体方法是先在巢框上穿4道铁丝，拉紧铁丝，然后装入巢础，用水笔蘸化好的蜂蜡将巢础固定在巢出的上梁沟内，再用水笔蘸蜡将铁丝粘在巢础上。蜂蜡不能有杂质，最好用赘脾蜡或蜜盖蜡。

（辽宁铁岭市中医院，112000 孙立广）

选王小经验

养蜂者都深知蜂种的好坏与养蜂的效益密切相关。购种蜂王似乎算不了什么大问题。但对那些养蜂刚起步的初学养蜂者来说，在购蜂王问题上往往举棋不定，考虑再三，生怕花了钱买不到理想的种蜂王。那么，应该买什么样的种蜂王？从何处购买蜂王呢？本人就此事谈点浅见，供初学蜂友参考。

1. 购适宜于当地气候和蜜源条件的种蜂王 我国幅员辽阔，南北气候差异很大，同是初春，南方鲜花盛开，北方却是冰天雪地。气候上的差异决定了各地蜜源条件不同。所以，要根据当地气候及蜜源条件，选择蜂种，这一点对初学者非常重要。一般黄色蜂种耐热不耐寒，黑色蜂种耐寒不耐热。气候温暖无霜期长，宜选黄色蜂种；高寒地区宜选黑色蜂种。

2. 根据饲养目的及蜜源条件选王 有人定地饲养用人转地饲养，有专业饲养还用业余饲养，形式不一。倘若只取蜜，应饲养能采集大宗蜜源也善于采集零星蜜源的蜂种，喀蜂就是比较理想。在蜂业全面发展的今天，取蜜兼取浆，能较大地增加效益，也是初养蜂人的发展方向。即便是在滴蜜无收的年份，取浆尚有较好的收益。

3. 从育种技术先进讲信誉的单位购王 售蜂王单位很多，大到国家级育种单位，小到个人蜂场。售蜂王广告繁多，谁都说自己的蜂王好，买谁的好呢？买人工授精种蜂王，假如寄来的是自然交尾蜂王，初学养蜂者也是无法分辨。这就要看售蜂王单位是否讲信誉了。

4. 就近购王 邮寄种蜂王少则几天，多则十几天。邮寄时间越短，成活率越高。假如售王单位离你较远；种蜂王成活率不是很高，即使补寄，也为时已晚，倒不如就近购蜂王能按时育王。（郑卫军文）

（辽宁铁岭市中医院，112000 孙立广）

养蜂小经验

喂蜂小经验：鸡上架，鸟归巢，这时喂蜂才正好。如若时间有点紧，可用红布包手电。

木块控制巢门法：巢门是蜜蜂进入蜂箱的通道，如让巢内温度适宜，巢门的大小是关键。这几年我用木块塞巢门收到良好的效果。当蜂数多时，可把巢门适当开大，蜂数少时开小点，有蜜源时可大些，无蜜源时可小些。这样就有效地控制了巢温又防止了盗蜂发生。可把小木块打上孔，用细铁丝串起来挂在蜂箱前，以便使用方便。

定地养中蜂必备三箱一枪：三箱是收蜂箱、养王箱、合并箱。收蜂箱可用三合板制成，放 3 张脾为宜。养王箱与西蜂交尾箱相同，也可将蜂箱隔成 4 个小箱养王。合并箱与养双王箱相似，蜂箱中隔板处钉铁纱。用竹筒或塑料管制成射程在 6 米以上的水枪，当分蜂团在高树上结团时，可用水枪把蜂团打落下来，逮住蜂王放进收蜂箱。

（山西晋城市巴公镇二仙掌村，0480022　张成楼）

晚秋防蜂群中毒

最近在电视上看到，水稻因发生"褐稻虱"打敌敌畏致使有位蜂友养的 150 群蜂中毒，这是多么惨痛的教训，一个蜂场把蜂养到 150 群不是件容易的事。当时蜂友请求农户不要打药，愿意给些经济补偿，这想法真是太天真了。

对此事我专门去请教了搞农业的专家，农技专家说，褐稻虱如果不治，会导致水稻减产。现在很多定地饲养蜂场住在养蜂蓬子里，因此选场址时应远离水稻田。要知道，蜜蜂出巢起飞 0.75 千米。据说，晚秋稻成熟期和不完全成熟期必患此病，主要使用的药物是敌敌畏。另外，有的养蚕地区晚秋桑叶防虫也用此药，我地曾有多个蜂场因此中毒。

（浙江嵊州市富润镇杨桥村，312474　周岳泉）

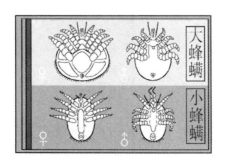

早春盗蜂的处理

庭院养蜂因蜂箱位置不同，有的在背风向阳的墙根下，有的在庭院中部，有的在背阴处，这就造成了蜂箱温度冷暖的差异。室外越冬气温在6℃左右就有爽飞蜂出巢排泄，如果养的是浆蜂，早春很容易发生盗蜂。

我在2004年引进浆蜂，这种蜂盗性强，防盗能力差，连续几年早春发生互盗。外界气温才6~8℃，蜂群尚未开繁，互盗已经开始了。晴暖天气7℃左右时，各箱出巢蜂极少，但被盗群从11点左右已进进出出像是排泄，巢门有清出的死蜂，像是在清巢。但这是假象，仔细观察你会发现，蜜蜂从该箱飞出，进入他箱，是被盗了。检查蜂群内蜂团已散开，巢面极高，蜜粉被盗空。被盗群多发生在墙根下的全天向阳群，一般为多箱盗一箱，直到下午4点左右才停止。如遇到寒流，气温下降，盗蜂停止。晴暖天气温上升，又会发生。补蜜也会被盗空。越冬后期和早春初期，一定要注意观察蜂场情况，发现盗蜂要及时处理，可采取直接关闭巢门的止盗方法。

发现被盗蜂群后，在蜜蜂逐渐停止活动的4点左右，快速检查被盗群，把蜂抖入箱内，抽出空脾，换入蜜脾，按原样盖好蜂箱。过15分钟检查会发现，蜂上脾结团了。此后，每天上午有蜜蜂出巢时，关闭该箱巢门，并用草苦遮挡巢前阳光。下午他箱蜜蜂停止活动时再开启被盗群巢门。如蜂群已开繁，箱内放纱盖让无蜂区通风透气，并在箱内喂水。如此经过一周，观察巢门已无盗蜂骚扰，先开下午半天巢门，确定已无盗蜂再全天开启巢门。随着蜂群开繁，蜜蜂个体的活动能力和防卫的增强，蜂群哺育和采水负担加重，饲喂幼虫强度加大，盗蜂便不再发生了。

（山东兖州市兴隆庄镇十一中学，272100　李华基）

秋季繁殖小经验

蜂螨对蜂群和养蜂生产每年都造成不小的损失，轻者蜂群群势下降，重者颗粒无收。我养蜂几十年，以前年年从蜂群开繁就治螨，一直到越冬，忙个不停，可是年年还是不同程度地受螨害。近几年我采用三段法治蜂螨，不但省工省钱，还不误繁蜂和取蜜取浆。现将具体方法简介如下。

每年刺槐花期结束，将场内蜂群平均分成3组。

第一段　将A组蜂群关王15天放王，或关王6天介入王台，关王后21天从B、C组每群提出一个未封盖幼虫脾，给A组每群补上2脾，并将A组封盖雄蜂全部割光，第22天下一次升华硫，第23天后用水剂杀螨药治大蜂螨1～2次。

第二段　A组处理完后将B组关王15天后放王，或关王6天介入王台，关王后21天从A、C两组每群提出一张未封盖幼虫脾补给B组，每群2脾，将B组封盖雄蜂全培割光。关王后22天下一次升华硫，23天后用水剂螨药将B组治1～2次。

第三段　将B组处理清楚后，再将C组关王15天放王，或关王6天介入王台，关王后第21天将C组群内的封盖雄蜂全部割光，第22天下一次升华硫，第23天从A、B两组每群调1脾封盖子给C组群内的每群补2脾，并用水剂螨药治螨1～2次。

通过以上三段治螨后，就能把大小蜂螨寄生率控制在安全范围以内。我地10月10日关王，等子脾全部出完后，用水剂螨药喷2～3次，就能保证蜂群安全过冬并顺利春繁。

（湖北麻城市宋埠镇李华村青山叶，438307　叶立淼）

中蜂管理小经验四则

1. 越冬切去蜜脾下面的空脾 越冬时在蜂巢两侧加隔板，紧靠隔板放整张蜜脾，其次的蜜脾下部切削掉一部分，依次向内逐渐扩大切削面积，中间两张或三张蜜脾要切掉整张蜜脾的 1/3～1/2，以便蜂群结团。这样处理后，蜜蜂取食时不散团，可就近取食蜂蜜，有利越冬。到第二年春繁时，又顺应了中蜂春繁期好咬旧脾造新脾的习性，工蜂在巢脾切掉的残缺处造出新巢房，供蜂王产卵，蜂群基本不再咬脾。还可以在春繁前将割下的旧巢脾放在蜂箱底，供蜂群啃咬、造新脾用。

2. 提王割脾育新王 我们在培育蜂王时，可把育王群中的蜂王提出，再将巢内育王的巢脾下部割掉 2.5～3 厘米，过两天工蜂就会在巢脾下面被割的位置上做好几个王台基。这时，可选几个又大又好的台基留下，其余的割掉。再把提出的蜂王放回去，蜂王就会立即在台基内产卵。

3. 大流蜜期加继箱取蜜 在大流蜜期间，一般外界气温较高，蜂巢内需大量工蜂扇风降温，加继箱既可降低蜂巢内的温度，节省工蜂为蜂巢内降温所付出的劳动，又能利用继箱取蜜，不伤幼虫。在加继箱时不需加隔王板，但继箱上的巢脾框一定要和底箱的巢脾框上下对齐，使上下两个巢脾的面保持在一个平面上，中蜂王只在巢箱的巢脾上产卵，不在继箱的巢脾上产卵。这样就在底箱形成繁殖区，继箱形成贮蜜区，取蜜时只取继箱上的蜜脾就可以了。一般不需取巢箱的蜜，巢箱有蜜可做饲料用。

4. 中蜂分蜂或飞逃时用喷雾器喷水制落 春季在蜂场周围埋几个木桩或在两个木桩上搭一根木棍，根据中蜂喜欢黑色住处的特性，在木桩或木棍上缠一些废弃的黑色衣服或黑色布料，人为营造成适合中蜂居住的场所。当中蜂发生分蜂或飞逃时，可用大一点的喷雾器向飞逃蜂群喷水，蜂群因湿水很快就会降落到事先营造好的临时集合处，便于收蜂。这样喷水比常用的扬土法好得多。

（陕西榆林市种蜂场，718000 高崇东 孙晓莉 张亚莉 张亚宁）

中蜂防盗一法

我的中西蜂同场饲养，我发现中蜂被盗几率较大，首先解决的问题是防止西蜂盗入中蜂群。我是业余养蜂，多数时间都在外地工作，家中一旦发生中蜂被盗也不能回家处理。我用游标卡尺测出中蜂王笼间距为 4.2～4.3 毫米，中蜂巢房 3.9 毫米，3.9 毫米的间距中蜂能够自由进出，意蜂则不能进入。

我先找一块厚 4 毫米的木板，木板下部制成小圆面，备 2 根 4 毫米小钻头，钻头上部为 3.9 毫米。先把 2 根 3.9 毫米钻头的圆柱体摆在巢门两边，对好巢门向下压紧在 2 根 3.9 毫米钻头圆柱体上，两端用钉子钉牢，取出 2 个圆柱体，防盗巢门就安装成功了。因中蜂能从这个 3.9 毫米缝隙自由进出，意蜂不能进入，盗群无信息返回，盗群行为慢慢终止。安装防盗门后就没再发生中蜂群被盗情况。

（河南许昌市许昌勘测设计研究院，461000　王爱群）

春繁蜂群内放生石灰防潮效果好

笔者从《中国蜂业》上看到春繁时蜂箱中放生石灰一文，经试用效果不错。

放生石灰的方法： 紧脾开繁后，用一次性塑料碗，装生石灰 2/3 碗（2～3 两生石灰），放入挡风板的外部。

放生石灰的好处： 生石灰变成熟石灰，要吸收蜂箱中的水分，蜂箱就变得干燥，不再潮湿；蜜蜂在箱中活动，扬起的少量熟石灰粉末，有杀灭病菌的作用。

生石灰能防白垩病，大家都知道，采集茶花粉后的蜂群不易得白垩病，原因是茶花蜜中含有一种生物碱的物质。石灰是碱性物质，也有防白垩病的效果。

蜂群缺钙不健康，放些生石灰，能补充蜂群的微量元素。

（湖南桃源县漳江镇八字路完小，415700　郭国庆）

这样补王挺好

将蜂王囚入工蜂不能进入的王笼里，放在继箱的框梁上，让蜂群饲喂。24 小时后，如工蜂不围王笼，可将王笼换成工蜂可自由出入的竹王笼，仍放在原处。如果工蜂不围攻蜂王，就可将蜂王放出，让蜂王产卵。两天后将蜂王带脾落入巢箱无王一侧。

诱入的蜂王必须是产卵超过 10 天的蜂王；如果换成竹笼后工蜂围王，必须马上隔开工蜂，24 小时后再放开。如还不接受就不要再诱王了；蜂王放出后不要直接落入巢箱，否则易发生再次围王的情况；王笼放在框梁上便于隔纱盖观察。

（辽宁丹东市振兴区兴一路 43 号楼 1-402，118000　张兴绵）

秋繁小经验

俗话说，一年之际在于春。可我相信养蜂人都知道，春暖花开百花争艳正是取蜜采浆的大好时机，但对养蜂人来说，秋繁的群势才是决定春天的生产的关键。因此，养蜂人把一年最重要的时机定在秋天，即一年之际在于秋。下面我简要总结几条成功的经验：

8 月 1 日提前囚王停产。这样能减少蜜蜂死亡数量，保证饲料充足。8 月 15 日至 20 日治螨两次。紧脾抖蜂，保证蜂群密集状态。加强饲喂，保证边角有存蜜，此时外界虽有花粉，但不能满足繁殖所需，还要补喂粉饼，23 日放开蜂王。

因我地越冬期只有 70～80 天，入冬后常有 10℃ 以上天气，秋繁时间长，可在立冬时关王或大量喂浓糖浆，蜂王会自然停产。

（湖南桂阳县樟市镇桐木村，424423　侯知柏）

蜜蜂饿昏现象

每次运蜂超过 10 小时以上，爬到箱外的蜂由于找不到本群（蜂箱位置改变气味混杂），待卸下车来，有许多蜂不能飞起，也不能爬行。只能本能的动一动。当喷上蜜水，不知吃喝，仍然不动。这是蜜蜂饿昏的现象。我用铁纱笼装起蜜蜂，里面放好饲料，关上 3 天，行动灵敏，说明这些蜂还是饿昏的。蜂在 10 小时的运输途中取食了几次不得而知。倘若在有子脾的情况下，蜂箱内无饲料，蜂可存活 4～5 天，其原因是蜜蜂吃脾上剩余的花粉赖以生存，当缺乏饲料产生拖子现象。

（河南社旗唐庄乡肖庄村，473300　陈拴成）

同步取蜜采浆省工又增产

摇蜜时提出蜂箱中的蜜脾，摇完蜜再加入蜂箱，甚至全场都摇完蜜再将空脾加入蜂箱。这样做耽误蜜蜂正常采蜜，因巢内无空脾供蜂群贮蜜，蜜蜂只能将采回的蜜贮在虫脾中，或乱造赘脾，同时也费工费时，养蜂者需开两次蜂箱。在繁忙的大流蜜期，100～200 个蜂箱开启一次，劳累程度可想而知。如果事先备一些空脾，提出蜜脾后立即加入空脾，这样只需开一次箱。

产浆工作也是如此，先集中将浆框提出挖浆，全部挖完浆后再移虫，之后将移完虫的浆框加入蜂箱，也是开两次箱。加之挖浆、移虫工作需很长时间，耽误蜂群泌浆数小时，使蜂王浆产量减少。如果蜂场分工明细，准备几个备用浆框，事先移完虫，提出浆框的同时，立即加入移完虫的浆框。这样做只开一次箱，大大减轻养蜂者的劳动强度。

我以前养蜂 130 群，夫妻两人管理，生产王浆时，先集中提出浆框挖完浆再移虫加入蜂群中，需开两次箱，弄得手忙脚乱。现在蜂场发展到 200 群蜂，又招了两个徒工。生产王浆进行各道工序明细分工，提出浆框取浆，立即加入移完虫的浆框，同步进行，只开一次箱。我们 4 人的分工是，一人提出浆框，同时加入移完虫的浆框，并负责传送浆框；一人割台基及挑虫；一人挖浆；一人移虫。

（辽宁铁岭市蜂业研究会，112000　孙烨　王芳）

简单的蜂具消毒法

养蜂垮场原因很多，消毒是易被蜂友们忽略的一个重要原因，就是不注意蜜蜂疾病的预防工作。不少蜂友只知道用药物来治疗疾病，这不但对蜂产品有影响，而且费工费时，多开支，忽略了对蜂具的消毒工作。众所周知，一些病毒、病菌广泛存在于养蜂工具之中。尤其是蜂箱最为严重。

笔者养蜂几十年，很注重蜂具的消毒工作，所以，很少发生重大的疾病事故。消毒工作首先用火烧烤，继而用酒精喷雾点火烧烤，使蜂箱表面呈现焦黄色为止。简单省时间，但此法有弊病，稍不注意，小件蜂具容易损坏，如王笼；后来采用浓盐水来消毒，就是把小件蜂具放进浓盐水中浸泡十分钟左右，再用剩下的浓盐水刷抹到蜂具上，如蜂箱、纱盖等。

食盐价不高易得，消毒彻底。此法省工、省事，又不多花钱，笔者认为是当前蜂具的最简单消毒法，蜂友们不妨一试。

二硫化碳熏脾法

在高温季节抽出的巢脾一般只要几天就会起巢虫。巢虫一般在每年惊蛰以后就开始繁殖了。故惊蛰之后多余的巢脾要进行消毒和熏蒸。使用二硫化碳熏脾操作简单，安全高效。方法是底箱放 8 张脾，继箱放 9 张脾，巢脾间隔一定距离，巢脾与箱壁留一定距离。在继箱上放一个直径 8 厘米深 2 厘米的器皿。注入 10 毫升二硫化碳，快速盖严箱盖，并将蜂箱四周蜜封。二硫化碳易挥发，巢虫很快会被毒死。因二硫化碳挥发物比空气重，会慢慢沉于箱底，利于熏治箱底巢脾。一般只需熏两次，问题就可彻底解决。倒完药半小时后可取出巢脾密封保存。熏蒸时要注意密封好蜂箱。二硫化碳有毒，不可入口。二硫化碳是易燃物，不要接近火源。二硫化碳可从化工部门购得。使用后剩余药液要避光低温保存。使用二硫化碳最好在 19℃ 以上进行。

（湖南耒阳金杯路铁五局院内 8 栋 5 楼，康健蜂场，421800　徐传球）

我的维生素合蜂法

我养中蜂 35 年，开始合并蜂群时，是将酒加水稀释喷脾后合并，酒水的比例为 1：2，避免强烈刺激蜂群，只起一个混味的作用，成功率较高，但也有少量打架现象，一般不超过 10 分钟，这是箱盖、箱底、箱壁的零散蜂造成的，要打就会立刻打起来，不用担心，打一会儿就会停止。用酒喷脾后当即靠拢，不留鸿沟，便于两群融和。在逐步摸索方法的过程中，我又找到了更好的合蜂法，即用维生素替代酒，因为维生素的香味极易被蜂群接受，具体做法如下：

将维生素 5～8 粒加水 50 克浸溶，加入蜂蜜中配成 1：1 的溶液，灌入喷雾器内；提前 20 分钟捏死要去除的蜂王并将其丢在箱底，避免蜂群骚乱，同时去掉覆布、隔板，将巢脾移至箱中央，不让蜂粘箱，便于提动。把有王群逐脾喷维生素溶液后复原，再将无王群喷一脾合一脾，合完盖上箱盖和覆布。

如果场内有失王群与要合并的小群相隔较远不好合并，可将其他相邻两弱群合并，提前 20 分钟将其中一群的蜂王捉到失王群，方法是将无王群逐一喷脾复原，再往要介入的蜂王身上喷一下维生素溶液，轻轻地从箱底放入，盖好箱盖即可。接着合相邻两群，方法同上。

（湖北通山县新城社区幸福小区 34 号，437600　徐涤生）

介绍一种喂蜂用的漂浮物

在养蜂生产过程中，喂蜂是不可缺少的工作，可是在早春和晚秋气温低时，饲喂槽内往往淹死很多蜂，尤其是早春，淹死 1 只蜂都很心疼，用了这种漂浮物后就很少淹死蜂了。

我使用的是框式饲喂器，将保护包装苹果用的防碰伤塑料网剪成大小与饲喂器底大小合适的块放在饲喂器内就行了。喂蜂时，蜜蜂在网上取水或糖汁，不会因吃饱后爬不上来淹死在饲喂器内，使用这种漂浮物效果非常好，材料易得，不花 1 分钱，它随着水的减少下沉，随加液体增加而上升，很方便，有兴趣的蜂友不妨也试试。

（北京房山区河北镇三十亩地村，102417　王奎月）

养蜂经验集锦

一、快速查王法

从巢门可看蜂王的大概位置。如果巢门有一定宽度，蜂王多在蜜蜂进出较集中的巢脾上；在立春至立夏前，5 ~ 7 脾蜂群蜂王多在第三、四、五脾上爬行（正在产卵的蜂王除外）；立夏至处暑期间，蜂王多在第二、三脾上爬行（正在产卵的蜂王除外）；正在出房的巢脾上多有蜂王爬行。

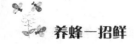

二、巢脾存放法

无论是粉脾蜜脾还是闲置的空脾。在保存过程中要用硫磺定期杀虫；保存巢脾温度最好在 15℃ 以下；巢脾间的距离保持在 2 厘米最适宜；最重要的一条是多多检查，防止特殊情况导致巢脾出现问题。

三、中原地区蜂群秋繁的黄金时期和最佳扣王时间

根据传统的养蜂经验，8 月 20 日至 9 月 20 日为中原地区秋繁的黄金期。这时培育的蜜蜂体格健壮，生命力极强。

为了保存实力，10 月 1 日前必须扣王。不让越冬蜂消耗体力。否则，看起来多得了一些蜂，却消耗了蜜蜂的实力，浪费了饲料，得不偿失，可谓徒劳无功。

四、蜂王要物尽其用

强群用新王越夏，减少和降低分蜂热。弱群蜂王有计划地调入中等群使用，让蜂王充分发挥能力。

五、春繁三忌

春季气温低时不能无原则地奖饲。要避免蜜蜂随意飞出。春繁初期不能急于加脾。不能随意提脾检查。

（河南禹州市花石乡下庄村，461691　夏启昌）

中蜂增产把好三关

第一关，春季繁殖分蜂关，由于中蜂喜好结半球形蜂巢，我们就顺着中蜂的习性，让蜂群在蜂桶中繁殖，把从桶中分出的第一群养在活框箱内，利用活框巢脾摇蜜，然后把桶中随后分出的小蜂群用土法养起来，不取蜜，到越冬时就是个强群了。

第二关，夏季防暑，中蜂最怕热，夏季一定要遮阳，打开通风窗，及时取蜜，防止蜂群产生分蜂热。

第三关，进入秋季，气温渐凉，这时中蜂有个新老王交替的过程，有时能发现母女同巢的蜂群。此时千万注意，越冬前把那些老王和处女王去掉，合并蜂群，不要让这样的蜂王混过冬，否则会严重影响来年蜂群的繁殖速度。

(山西泽州县马公镇二仙掌村，048002　张成楼)

蜂蜜法去除花粉中的泥沙

由于陕北的风沙太多，蜜蜂采回来的花粉不能直接食用，花粉中含有许多泥沙。怎样才能把花粉中的泥沙除去呢？有人直接用水与花粉混合后，以沉淀的方法去除，可这样在水中带走花粉中的许多营养成分。用酒精的方法，也同样失去许多营养成分，人们食用时，酒精味也太重。为了保住花粉中营养成分，我采用蜂蜜法提取泥沙，现将我的方法介绍如下。

蜂蜜一定要取成熟蜜，任何一种蜜都可以，将蜂蜜加热到40℃，把花粉磨细，目的是让花粉在蜜中充分溶解，按2：1的比例，两份蜂蜜与一份花粉混合，搅拌均匀，置1小时后，泥沙就会沉淀于容器的底部，然后把混合物倒入另外一个容器中。这样，食用时就不牙碜了，花粉中的营养成分也不会流失，最后形成花粉蜜膏。在旅游出差时，易携带、食用方便，还能起到很好的润肠通便作用。

(陕西榆林市种蜂场，718000　张光存)

气浴可救活蜂群

立春之后，我将蜂群移到室外准备春繁。由于蜂群位置放错，导致一个较弱的蜂群被盗。农历正月初六发觉弱群被盗，开箱检查，发现脾上已无存蜜，随即加入 2 个大蜜脾，缩小巢门至仅容一只蜂通过。初七上班，正月十二下午回家看蜂群情况。发现防盗失败，有 3 脾蜂的蜂群已饿死，动一下巢脾蜂随即落入箱底。这可怎么办？估计蜜蜂饿昏时间不很长，怎么救呢？我想到一句俗语，老饥变成渴，于是想到最要紧的是先放入热气，先解决渴的问题，再加入蜜脾解决饥的问题吧。我用电热水壶烧一满壶开水，放在群内隔板外，出水口支一个小木棍，能给蜂群加温又放热气。3 个小时后，听到箱内有蜂声，喜出望外。晚饭后，将热水壶取出烧开后又放入箱内。第二天我将此群转移到 2.5 千米以外，检查发现，箱底仅死了一把蜂，损失不大。

（河南省内乡县余关乡成人学校，474363　朱学富）

养蜂谚语

蜂群散放丰收在望　指蜂群朝向、距离、位置都要错开。这样可以减少蜜蜂归途迷巢导致的传染疾病。蜂群散放在换王时可提高交尾成功率。做到蜂多蜜多。

岗地放蜂百病不生　放蜂场地要选在背风向阳的岗地，尽量避开低洼地及河床。蜂场常年潮湿蜂群易染病菌，蜂群患病风险增加。河床放蜂极易被洪水冲走。

不怕蜂箱破就怕蜂群弱　指在选择蜂群要把蜂群强壮放在首位，箱子破了容易补，蜂群弱了补起来就困难；也指破蜂箱更易养好蜂，因为通风效果好，更适合蜂群发展。

碎草烂泥养蜂备急　旧被破袄养蜂一宝　把平时废弃不用的碎草、锯末收集起来，以备春秋为蜂群保温。平时和些软硬适中的烂泥装进塑料袋封好，检查蜂群时发现孔洞及时补上。把不用的棉被收集起来做养蜂用的小垫，以备春秋蜂群保暖用，省钱耐用。

（黑龙江黑河市 47 号信箱 31 分箱，164300　孙善成）

介绍蝎子菊防蜂蜇法

对我们养蜂人来说，蜂蜇是小事，主要是怕伤害宝贵的蜜蜂。在气温较低开箱检查时，用蝎子菊沾水搓手，有特别好的防蜇效果，因为小蜜蜂最怕闻到蝎子菊又臭又苦的气味，只要蝎子菊枝叶沾水搓到手上，手到之处蜜蜂就会立刻四散躲开，误落手上的蜂也会立即飞开。现在公路绿化带种了各种花木。为了美观，很多地方种了蝎子菊，县城近郊种植更多，因为蝎子菊寿命长，色彩鲜艳。下面简要介绍花种的取得和保存方法：

蝎子菊抗寒冷，寿命长，花期长，从谷雨到寒冬，生长旺盛，花期长达半年以上。花朵不会轻易被风吹落，成熟时花瓣变黑，过一个时期就可摘取，放在纸盒里，挂到墙上老鼠上不去处。第二年谷雨后，先将种子种在花盆里，花苗长到 6 厘米时移到蜂场。

每个花盆保留 4 棵，在冬前搬入室内，目的是延长其使用期。再次介绍蝎子菊的功能，目的是呼吁各位蜂友都来爱护和保护小蜜蜂。

（山东济南市长清区崮山西池西村绿洲蜂场，250307　马玉森）

解决冷冻王浆不易挖取方法二则

鲜王浆必须在冷冻的状态下保存，但在食用时很不好挖取，需反复解冻，过程很麻烦。多次解冻也会使王浆中活性物质受损。

我们推广的方法是将冷冻王浆解冻 10 分钟后用钢匙挖取，每匙挖 10 克左右，放入一个广口瓶中，挖几匙后加入一匙蜂蜜，再继续挖取，再加蜂蜜，挖完立即放入冰箱冷冻。因每匙王浆表面都粘有蜂蜜，所以在服用时容易取出，不用每次挖取都解冻，这样服用方便了很多，王浆中活性物质又不受损失。

另外，还可将新取的王浆冷冻 2～3 小时，在王浆尚未冻实时，加入1/3 的蜂蜜进行混合，立即送入冰箱冷冻。因为加入了蜂蜜，食用时就很容易挖取出来。王浆刚取出时如加入蜂蜜，因王浆轻，会漂浮在蜂蜜上，无法混合。所以，最好在王浆半冻状态下才进行均匀混合。

（辽宁铁岭市中医院，112000　孙立广）

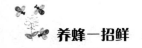

继箱开巢门小经验

流蜜期继箱开巢门进蜜快，我采用的方法是将蜂箱下口锯一个长15厘米高1厘米的巢门，要斜向锯开，把锯下的木条钉在原来的位置上，流蜜期过后关上门。

夏天上下巢门要在同一方向，采蜜蜂进上巢门，采粉蜂进下巢门，在上巢门口处剪一块比巢门稍长的铁片，2寸（1寸≈0.033米）宽插在巢箱与继箱间作为蜜蜂出入起落板。天气热时蜜蜂在上巢门口的铁片下结成蜂胡子乘凉，对蜂群散热很有帮助。蜜蜂活动需消耗大量体力，它也知道尽量节省体力，当蜜蜂采蜜回巢时，蜜囊内装满蜜，肚子很大，钻过隔王板很费力，有上巢门就省力多了。蜜蜂有向上贮存的习惯，所以把蜜都存在继箱内，采粉蜂都进下巢门，因为巢箱内有幼虫需要饲喂花粉，所以花粉都存贮在巢箱。

（北京房山区河北镇三十亩地村，102417　王奎月）

洗洁精的妙用

我们通常用的消毒剂如福尔马林、高锰酸钾、新洁尔灭等消毒液长期使用，会产生不好的残留。消毒后的巢脾都须在两天以上的时间进行通风凉干，充分干燥后方可使用。放入蜂群内蜂王还是不爱上脾产卵，也会严重影响蜂群发展的速度。

近两年，我用了多种药物进行多次对比试用，最终选出洗洁精，用来为巢脾和蜂具消毒效果最好。经济实惠，时间短无毒副作用。使用方法是取洗洁精50克加清水5千克，把巢脾浸泡两个小时，取出巢脾甩干，用清水冲洗巢脾再甩净水，当时就可加入蜂群。

（河南商丘市濉阳区李口镇徐林辅宋大楼，476125　陈红朝）

春繁时期喂水一法

春繁时期，蜂群内蜜蜂幼虫生长发育需要大量水分，由于春季气温较低，时常有寒冷天气，往往有许多采水蜂被冻僵在蜂场附近或巢门口。在春繁阶段，对蜂群来说，每只蜂都极珍贵，采水蜂被意外冻死，就会极大影响到蜂群春繁的速度。我采取的方法是把准备化蜡的老脾切下，分成4块，每个巢门前放一块，与巢门踏板紧贴上，在一个角上放少许食盐，看蜂群采水的情况，每天分几次向巢脾上加温水。大量蜜蜂会在巢门口采水，这样大大减少成年蜂体力消耗，避免了蜜蜂被意外冻死。

（安徽繁昌县孙村镇，241206　王顺家）

雄蜂房过多重新修补法

初学养蜂者在造新脾时，由于经验不足，往往会造出不理想的巢脾。这些巢脾有很多的雄蜂房。有的在上框梁下边约5厘米处，有的在左右下角框角处。如果不用就很可惜，如果使用雄蜂房实在不少，给后来割除雄蜂房带来不少麻烦。遇到这种情况不必惊慌，把新造的巢脾横宽长度量一下，用快刀将雄蜂房部分割去，再根据量好的形状把有巢础把割去的部分补上。放进蜂群重新造好。

需要注意的是，应把需要重造的巢框放在中等群势的蜂群里。如放进强群首先要查一下群内有没有雄蜂封盖蛹。若有则不能入箱。这样的蜂群为什么不能修巢脾呢？道理很简单，巢脾上有封盖雄蜂蛹，就意味着蜂群已有分蜂意念，所造巢脾就少不了雄蜂房。

（河南禹州花石下庄村，461600　夏启昌）

蜜蜂偏爱黄颜色

几年前发现转地放蜂已搬走场址处留下许多散蜂在空中飞翔。于是把空蜂箱放置到场地中央较高的田埂上，等待散蜂飞入蜂箱。过了两个多小时，只见一些散蜂在蜂箱上盘旋一阵又飞走了，竟无一只蜜蜂进箱。失望之余，到蜂场周围转一圈。蜂场周围鲜花盛开，有粉色的桃花、白色的苦刺花、洋咪咪花、黄色的九里光花。说来也怪，在粉色花和白色花上很少看到蜜蜂；在黄色花上却聚集了大大小小的蜂团，少则几只，多则几十只，不时有飞翔蜂集聚过来。于是猜想，一定是蜜蜂偏爱黄色，恰好身上带有黄色枕巾，何不打开一试。就将黄色枕巾打开铺在蜂箱上，10分钟后，果然有几只蜂落到枕巾上。于是就把周围停留在花上的蜂赶飞。飞起的蜂纷纷落到枕巾上，不大一会儿工夫，枕巾上竟聚集了很多蜂。将蜂抖入蜂箱，再将枕巾铺在箱

上。一小时后，枕巾上爬满了蜂。由于有蜂在巢门口振翅指引，很多被赶起的蜜蜂直接飞进蜂箱。随后收起枕巾。事实证明，蜜蜂有偏爱黄色的习性。

（云南禄丰县城教育小区，651200　王德朝）

要重视巢脾的保存

高寒地区巢脾闲置期长，保管难度大。保管不好被巢虫穿洞蛀食严重的只能化蜡。因此，闲置巢脾保管是非常重要的工作。

首先把巢脾分类。买来筒状塑料膜，按塑料膜口径大小用硬木做成巢框架，使塑料膜套在架子上不松不紧。把膜筒上头用线绳扎紧至不能透气，套在架上。下面用干细土封严压紧。好处是密封性好，可以看到架子上巢脾的情况。也可用继箱套装巢脾，每箱放8张脾，6个箱体一摞，套上塑料膜。缺点是不能直观掌握箱内巢脾情况，检查很麻烦。不论用哪种方法，巢脾间要留有1.5厘米空隙，不能装得太紧。装好脾套上塑料筒后，用硫磺熏一次。秋季及春季隔20天检查一次。

（黑龙江拜泉县爱农乡新士村，164725　王汉生）

蜂王受惊窒息能苏醒

在日常蜂群管理时，用手直接捕捉蜂王或因其他意外原因使蜂王受惊而死（假死）时，可立即将窒息蜂王轻轻移入王笼中，放置到比较温暖、湿度稍高的黑暗处，不再对其采取任何救护措施，一般静置半个小时，多数蜂王会自行苏醒。我曾经遇到过3个多小时后才逐渐恢复正常的蜂王。

总之，只要蜂王肢体没伤残，仅是单纯性窒息，就不要轻易丢弃。也不要保留在箱内，因为在箱内会遭受工蜂骚扰，只要按上述方法处理后，耐心等待一段时间为好。

（黑龙江林甸县黎明乡志合村，166000　赵　静　王汉生）

蜂王麻醉法

1. 制取二氧化碳　将 5～10 克水泥残渣磨成粉状，装入高 15 厘米，口径 4～5 厘米的茶杯中，然后加入 5～10 毫升盐酸。当水泥粉与盐酸反应 30～50 秒后，二氧化碳可达满杯，二氧化碳气体比空气重，不用担心二氧化碳气体流失。

2. 麻醉操作　用于剪翅或包裹诱王法的麻醉方法：将蜂王囚入王笼中，连笼浸入二氧化碳气体中，待蜂王不挣扎时提出，这种情况下蜂王可麻醉 120 秒左右，这个时间足够我们进行操作了。

一般从蜂王停止挣扎算起，30 秒后提出囚王笼，麻醉时间可达 200 秒以上。

3. 用于促进处女王提早产卵的麻醉　从蜂王停止挣扎算起，60 秒左右提出囚王笼，放在温暖处。在其苏醒前将蜂王身上涂少许稀糖水，剪去翅控飞。待其足爪开始动时，放入原巢内，让其自动上脾（处女王的日龄满 4 天时进行第一次麻醉最好），如此操作共计 3 次可达目的。注意：每次相隔 3 天。

（湖北监利县大垸农场黄英学校，433321　韩学忠）

种棵金荞麦减轻蜂蜇痛

朋友送给我一棵金荞麦，说把叶子搓软泡在酒里涂抹蚊虫叮咬处，可止痒痛。我在蜂群管理中实际应用此法后，蜂蜇处涂此药液很快不觉疼痛。鉴于此药液止疼效果明显，特将金荞麦种植方法简介如下，供蜂友参考。

金荞麦又称野荞麦，红三七，草本。多生长在海拔 500～3 000 米的灌木丛旁或路旁。我国南方生长较多，植株高 50～150 厘米，8 月开花，10 月结果。在我地不结果，多为块根繁殖。块根为不规则卵块，可盆栽亦可地栽。此品主要成分是野荞麦苷，具有清热解毒，清肿利咽功效，主治肺热咳嗽，跌打损伤，腰腿疼痛，蚊虫叮咬。

（河南禹州花石下庄村，461670　夏启昌，供稿）

巧防上脾巢虫

中蜂抗巢虫的能力远低于意蜂，每年农历六七月，中蜂巢脾上不时会有星星点点的白头蛹。前几年一直找不出是什么原因造成的。就是挑出蛹，怎么挑都挑不出虫巢虫。把白头蛹全挑一遍也无济于事。后来在一次查蜂时，从一个快消亡的小群脾上挑蛹时偶然发现一条像小线头的小虫子。

在白头蛹的巢房里被挑了出来。后来又用蜂友教的方法敲打巢框震出巢

虫，此法也真妙。凡是脾上有"工"字形或"工"字形白头蛹通常都是巢虫在作怪。对此我采用下列五个方法进行综合防治，取得较好效果。

（1）养强群养壮群增强蜂群的清巢能力。

（2）不贪多，不急于分群，始终保持蜂多于脾。不给巢虫上脾的机会。

（3）勤刮箱缝，不让巢虫有藏身之处。

（4）对准箱缝适当喷点"虫克"溶液。

（5）将有巢虫的脾彻底清除，让蜂群重建家园。

（河南禹州花石下庄村，夏启昌）

水果可喂蜂

水果摊上经常可看到许多蜜蜂在水果的破损处采食甜汁。受到此情景启发，我捡来一些残次水果，榨成汁喂蜂，既降低了养蜂成本又缓解了蜂群烂子病，收到较好效果。

秋季放蜂的河溪有少量茶花蜜源，取蜜不多，烂子不少。2009 年 10 月中旬关王，但新购的几只生产王产卵不久，想让其多产子好越冬。到 10 月下旬没关王的蜂群出现了烂子现象。在一些养蜂资料中介绍说，柠檬酸能中和生物碱，可以缓解蜂群烂子现象，而大多数水果中含有柠檬酸。正好我家楼下有个较大的水果店，因经常买水果与店主很熟。店中每天都有 2.5 ~ 3 千克残次葡萄倒掉，我向店主要了 5 千克多榨成汁后给烂子蜂群喂了两次，

烂子现象基本清除。不仅葡萄，其他水果诸如柑橘、梨、猕猴桃等都可榨汁喂蜂。

（湖南吉首市湘西气象局，416000　邢汉卿）

密闭巢脾防巢虫

巢脾是养蜂人必须储存的重要蜂具，而安全保存巢脾则是一项必要的工作，特别是入夏以后，螟蛾开始频繁活动，到处寻找巢脾产卵，让养蜂者防不胜防。巢虫幼虫出壳后，便快速在巢脾上拉网作茧，给蜂群发展造成极大危害。

防治巢虫通常采用硫磺熏蒸的办法。此法不能杀死蜡蛾所产下的卵，并且每十几天就须熏一次，很麻烦，如熏得不及时，巢虫仍然会损坏大量巢脾。前几年，笔者曾在蜂友家见到他200多个巢脾被巢虫严重蛀咬，唯有两箱用纱盖封闭的巢脾安然无恙。受到这个现象的启示，在这些年里我在库房里用窗纱隔了一个小室，把储存备用的巢脾放在里面，亦可用纱盖封闭蜂箱。多年来，从未发生过巢虫蛀脾现象。北方冬季最低温度可达 -30℃，蜡蛾产下的卵已被冻死。早春时即把巢脾密封起来，蜡蛾无法进入产卵，自然不会出现巢虫。况且，密闭巢脾又能防止盗蜂发生。蜂友们不妨一试。

（黑龙江宝清县宝清镇，155600　冯会举）

野外放蜂简易支架

进入春天后，各种害虫如蟑螂、壁虎、蜈蚣、蜘蛛、蚂蚁、滑泥虫、蟾蜍等开始进入蜂箱偷吃蜂蜜及咬食蜜蜂，严重地侵扰了蜂群的正常生活，有的甚至引起蜂群逃跑。

制作防虫害放蜂箱木架是解决这个问题最好的办法，方法是在4根立柱下端各钉上一块木板；垫块浸有废机油的海棉垫；剪去半截塑料瓶倒扣在木柱上，加上一块橡胶垫，最后在瓶底上钉上木板，形成能阻止害虫爬入的凳子式木架。将放木架的地方堆馒头形状土包，土包上铺废旧塑料布，四边用土压紧，这样可防止白蚁蛀咬木架。经常拔除箱边杂草，给海棉垫加注废机油。

（湖南安化县梅城镇落霞湾蜂场，413522　谌定安）

防巢虫小经验

防巢虫的最有效方法是根据蜡螟在傍晚进箱产卵的特点，在巢虫危害的季节，每天傍晚对蜜蜂喷水，赶进蜂箱后关死巢门，在巢门旁另开可关控的纱窗门，关巢门后适当开纱窗门通风，以稳定蜂群情绪，防止蜡蛾进入。每天早晨开巢门，根据气温变化情况开关纱窗门。纱窗门在起盗蜂时适当开启还可起到误导盗蜂的作用，减少盗蜂进箱。

防大胡蜂小经验

在大胡蜂高发季节和受大胡蜂侵害严重的蜂场，把竹塑王笼或铁丝网罩固定在巢门口，这样大胡蜂不能直接进箱，蜜蜂能有效躲避大胡蜂撕咬，而且蜂王也无法带领蜂群逃逸。

另外，也可在蜂场中放两只空蜂箱，内放若干张废弃老巢脾，在巢门内放剪掉底的半边矿泉水瓶，大口对着巢门瓶口对内，用稀泥堵死隙缝，留下瓶口通道，打开纱窗，虫害进入后，堵在纱窗上出不来，可集中消灭。

（湖南安化县梅城镇落霞湾蜂场，413522　谌定安）

蜂王剪翅记龄法

在蜂群管理工作中，我喜欢采用给蜂王剪翅的方法来达到有效减轻工作量的目的。用剪除蜂王部分翅翼的方法使其不能正常飞翔，同时也用这种方法记录蜂王的年龄，帮助记忆蜂王年龄。

新王产卵后，要对孵化成蛹的脾面仔细检查，一切正常后，方可给蜂王剪翅。不要过早动剪，以免影响新交尾蜂王的发育。在剪翅时，要按其交尾成功的月份，分别从不同部位下剪，用来作为蜂王王龄的标记。在我们寒冷地区，蜂王实际产卵时间较短。体质劳损较慢，不需一年就换。所以，如果是春季培育的蜂王，可先剪除右翅梢节。第二年春季再剪除左翅梢节。如果秋季培育的蜂王就首先剪右翅梢节，第二年秋季再剪除左翅梢节。可以自行设计多种样式以便更准确标记蜂王王龄。在日常检查蜂群时，把发现问题的蜂王双翅剪平，即可与正常蜂王加以区分。

（黑龙江林甸县黎明乡志合村，166343　赵　静）

收蜂谨防假蜂王

中蜂逃亡或飞迁时常有假蜂王。蜂友们收到中蜂时应特别注意。2007年夏末，不知从什么地方飞来一群中蜂落在我中蜂场一棵 2 丈（1 丈 ≈ 3.333 米。全书同）多高杨树上，我把不足框蜂收回，抖入蜂箱内。蜂很快上脾，秩序井然，约 20 分钟就有外勤蜂出勤采集，并带回花粉。接着几天都是早出晚归，很正常。一星期后我开箱检查，一看脾上产子很乱，大多数一房多粒卵，当时就确定为无王群，但蜂不乱。我想若无王蜂肯定秩序乱，但现在很正常，我再三寻找，终于找到了一只产卵的工蜂，即假蜂王，所以巢内无一改造王台。我即将这只假蜂王去掉，不到 10 分钟群蜂大乱，第二天查看，出现 5 个急造王台，这证明此前假蜂王在起作用。2009 年秋柳孟头花期，又飞来一群两框蜂的小群，蜂上脾后，我迅速检查，发现又是只工蜂王，我赶紧作了处理。据蜂友介绍，他们也遭遇到过这种情况。蜂友收到外来中蜂群时，要注意这种现象。

（河南西峡县西峡职专，474500　陈学刚）

清除赘蜡法

隔王板的竹丝缝经常被蜜蜂用蜡堵塞，特别是强群在流蜜期，蜜蜂用赘蜡把巢箱巢脾的上框和继箱巢脾的下框及隔王板粘连在一起。堵塞了蜜蜂的上下通道，影响产蜜量又给管理蜂群带来不便。所以，要经常刮除赘蜡。隔王板竹丝间的蜂蜡清除起来很困难，费时费力。下面向广大蜂友介绍本人使用多年的除蜡方法：

一、把隔王板放入大锅内煮烫，蜂蜡受热溶化后用铁钩钩出凉干。塑料隔王板也可用此法。此法方便快捷，又能起到灭菌消毒的作用。

二、切一块长 20 厘米宽 8 厘米厚 2 毫米的铁板，在铁板一头 1.5 厘米处用钳子弯成 90° 直角，然后按隔王板竹丝的直径和竹丝缝间的距离，用钢锉锉出深 0.5cm 的锯齿状缺口。铁板另一头用砂轮打磨光滑。铁板中间用钳子弯成半圆形，以便于操作。防止刮破手指。也可用布条缠上保护手指。

隔王板平面上的蜂蜡用铁板光滑的一头刮除，竹丝缝的蜂蜡用铁板的锯齿头刮除。此法省力快捷，清除蜂蜡效果好。

齿形缺口要锉成"U"字，不能锉成"V"字。另外，操作时拉动方向要顺直，用力适度，速度平稳，以防损坏竹丝。

（黑龙江拜泉县爱农乡新士村，164725　王汉生）

放蜂场地应远离发射塔

选择放蜂场地时，一般主要考虑蜜源的面积大小，交通道路状况，场地放置及日常生活问题，很少有人注意通讯设施对蜜蜂的影响。近些年移动通讯已基本覆盖了我国全境。最近有研究表明，通讯发射塔发出的电磁波能干扰蜜蜂导向系统，导致蜜蜂因迷失方向而无法正常返巢，导致群势迅速下降。更有人担心，若干年后，随通讯设施密度增大，可能对蜜蜂的生存产生毁灭性打击。因而，选择放蜂场地时应尽量远离通讯发射塔，以避免看不见的损失。

（辽宁西丰成平蜂场，112400　王福仁）

阳台放空箱可招来蜂群

笔者发现，养西蜂也能用空箱招来蜂群。我在自家南阳台养 2 群蜂作蜂疗，闲置的几个蜂箱放在北阳台。2009 年 7 月 28 日，发现北阳台空箱前有数只蜂进进出出。7 月 29 日蜜蜂突然增多，打开蜂箱一看，足有 3 框多蜂，并找到蜂王。检查南阳台蜂群，蜂数未少，证明不是自己的蜂群分蜂。问附近几位蜂友，都说没发生"跑蜂"。

另一例是铁岭县平顶堡镇平顶堡村徐师傅院子里放有旧蜂箱，一天徐师傅发现蜂箱前有蜜蜂往来，有的后腿还带有花粉。养蜂人一看便知是飞来了分蜂团，于是让家人喂糖喂水，加入空脾。由于本地养蜂户多，徐师傅当年又从村外树上收来 2 群，当年繁殖了 10 余群，分文未花，小蜂场就建成了。

笔者建议蜂场旧箱不必完全入库，可在空处放几个，箱内装不装空脾都可。自家蜂场和外界蜂场如有自然分蜂，有可能直接飞入空箱，省了收捕的麻烦。

（辽宁铁岭南马路为民巷 3 号楼，112000　孙哲贤）

饿昏蜂群急救法

越冬蜂群如发生饲料不足及吃偏饿死现象，在检查蜂群遇到饿昏情况时，师傅们通常是将蜂箱搬进温室里，再喂浓蜜汁和浓糖汁，用室内温度缓解蜜蜂复活。

笔者蜂群借租亲属庭院室外越冬。春节前检查时，发现一群饿昏，当时想搬进屋里，怕蜂群复活蜇人，只好原地不动进行处理。方法是从其他群提一框带蜂的蜜脾放进此群，再用细眼纱布将结晶蜂蜜包上一包，数量不限，压成薄饼放在框梁上，盖好大盖及保温物，春节后查看此群时，饿昏的蜂全部复活，恢复正常。

（辽宁省凤城市凤盖路152号，118100　于泽溪）

塑料瓶喂蜂法

各种矿泉水瓶清洗消毒后可用来为蜂群饲喂糖水，是养蜂的好工具。每箱蜂内外共需两个瓶子和一根长40厘米的点滴用细管。箱内用方形瓶，剪去一面内放漂浮物。箱外用较薄的圆形瓶。在距瓶底2厘米处用刀片割开，留2厘米连接处不割断，这样的作用是反弹力大，瓶子不张口，防止下雨进雨水，刮风进泥沙和防止发生盗蜂。在每个蜂箱前20厘米处的地上钉一根40厘米高的细木棍，把箱外瓶底朝上，用穿巢框用的细铁丝分两道牢固地捆绑在木棍上，防止加入糖水后瓶体受重下滑。瓶嘴要高于箱内饲喂瓶，使糖水快速流入箱内瓶。用相当于点滴管粗细的铁钉在两个瓶盖上各扎一个眼。先把胶管一头插入箱内瓶盖上，然后把管的另一头从巢门伸出箱外插在箱外瓶的盖子里。箱外瓶的细管头要稍高于瓶盖内壁，保证糖液能全部流入箱内瓶。箱内细管插入瓶盖要长些，头弯在浮漂下，以防淹死蜂。好处是加喂糖水把糖水倒入箱外瓶内时不用开箱，蜂群不会散失热量，减少开箱环节，减轻劳动强度。天气炎热时，可为蜂群喂水。在使用过程中，要注意因糖水中的杂质有时会堵塞细管。要及时清理堵塞物，使之通畅。发现箱外瓶加入糖水后反弹力小有张口时，要用砖块石块压住。

（黑龙江拜泉县爱农乡新士村，164725　王汉生）

蜂尸是最好的花肥

笔者经过试验，用死蜂做花肥最好，是比较全价的有机花肥，适用于家庭盆花种植。蜂尸的甲壳还起到疏松土壤的作用。

蜂尸中含有蛋白质、粗脂肪、矿物质元素、维生素等。植物所需的微量元素、常量元素均有，如铁、锰、铜、锌、钠、钙、磷、钾、镁等。用蜂尸作花肥初期肥效较慢，后期较好，花繁叶茂无臭味，不污染环境。比其他有机肥好。越冬期由巢门掏出的死蜂不要随手丢弃，可集中一起装在塑料袋中备用。但家庭盆花需肥不多，可捕杀少量雄蜂，一般3~5箱蜂就可捉到几十只或上百只雄蜂足够1盆花施肥用。

（辽宁铁岭市南马路为民巷3号楼，112000　孙烨）

野菊花还是不采为好

我的蜂场和李蜂友的蜂场同在北京西南郊房山区内，相距不足20千米，他的蜂场在平原，我的蜂场地处山区，我们都采用小转地饲养方式。采荆条花时，李蜂友的蜂群到山区来，5月采刺槐花时，我的蜂群到平原去，秋后各自回家繁殖越冬蜂。有个问题困扰我多年，多数年景，我的越冬蜂蜂量不比李蜂友的少，春繁时群势也差不多，春繁方法和饲养条件也相似。可每到5月采刺槐时，他的蜂群每群蜂平均总要比我多1~2脾蜂，必然蜂蜜产量也高。为什么呢？经过3年的观察分析，我们认为，问题出在我地的野菊花蜜源上。我地一般在9月20日左右开始喂越冬饲料，10月10日前喂完，李蜂友的蜂群开始松脾、遮阴准备越冬时，我的蜂群却经不住遍地菊花的诱惑，倾巢出动，从早到晚忙个不停，一直到10月底。显然，我的越冬蜂经过这个花期的劳累才进入越冬状态。

春繁时同是4脾蜂开繁，3月初春繁，李蜂友的蜂群不见衰减，4月初蜂群开始加脾。而我的蜂群要到4月8日才能加脾，要比他晚1周左右。可以推断，我的蜂群工蜂个体的寿命受到采集野菊花蜜的影响，导致群势增长较不采菊花的蜂友蜂群晚了1周时间。因为影响到来年的刺槐蜜产量，权衡利弊，我认为采野菊花得不偿失。

（北京房山河北镇三福村，102500　刘长林）

空箱反扣可防逃蜂

我是一名业余养蜂者，家住山区，一年四季蜜源丰富，养了 10 群中蜂。蜂群放在走廊和平房上。

为了减轻高温天气对蜜蜂的影响，我拿掉箱盖把空蜂箱反扣在蜂箱上。作了对比试验。扣了空蜂箱的蜂群比较安静，反之嗡嗡作响声就很大。

我的蜂群有几群已上 7 框，巢脾上造起王台。为了防止分蜂，及时摇蜜割除了王台。我检查蜂群，查到扣了空蜂箱这群时发现，一部分蜂群聚集在空箱底部。我找来一空蜂箱放在原位，把原来的巢脾放在空蜂箱里，另外加一空巢框，然后端起结了蜂团的蜂箱对准空蜂箱一抖，将大部分蜂抖落，少数让其自己飞回箱中，盖上箱盖。

再看结了蜂团的箱里已经造起指盖大小一块巢脾了。经过常规处理，当晚喂了 0.5 千克糖水。连喂了 3 天，第 4 天巢脾已经造满半张，上面产了卵。从以上情况来看，蜂没飞逃，在反扣的这个蜂箱上造了脾就算是已经分了蜂。

就一个业余养蜂人来看，因为没有时间在家看管蜂群，利用空蜂箱扣在蜂箱上能降温又能预防分蜂、逃蜂，减少了不必要的损失，何乐而不为呢？蜂友们不防试试看。

（重庆市合川区土场镇中湾一社 79 号，401533　肖章平）

安全介入王蜂法

用直径 1 厘米，长 15 厘米的木棒修成一头粗一头稍细的圆尖形，使蘸出的蜡碗能套在一起，用木棒两头各蘸一个 2 厘米深的蜡碗，套在一起呈自然王台状。模仿自然王台，装入蜂王后，在稍细头扎一个 3 毫米小洞，然后涂上点蜂蜜。轻轻掀开覆布，扎眼一头朝下夹在蜂路间即可。工蜂会把小洞扩大，放出蜂王。此方法在蜜源短缺时期成功率高，一般不会出现围王现象，蜂王恢复产卵快，不影响蜂群繁殖。

（黑龙江拜泉县爱农乡新士村，164725　王汉生）

春繁晚间喂蜂须防蜈蚣伤人

春繁时养蜂人都要给蜂群保温，保温材料大多用稻草或其他禾秆保温物填充箱内外。从放王开始春繁的第一天起，养蜂人几乎每天晚上都要奖饲。在给蜂群奖饲的过程中，都要——揭开箱盖及副盖上的保温物，但须防保温物下躲藏的蜈蚣咬伤。

由于给蜂群进行保温，蜂箱内比箱外温度高，而稻草或禾秆正是蜈蚣藏身的好地方，箱盖和副盖间的空隙容易爬进蜈蚣。

近几年的春繁中，我曾多次发现副盖上保温中有一条甚至多条蜈蚣。大的近 20 厘米长，小的也有 10 厘米长。

去年春繁的一个晚上，我两手揭开箱盖后，右手提着糖壶，左手揭起副盖保温物一角，正往箱内灌糖浆时，左手感觉有冰凉多脚虫爬上手背，右手忙放下糖浆壶掏出手电一照，一条大蜈蚣正顺着手背钻进袖口，我使劲一甩，将蜈蚣甩了出去。

自此我每周在晴天的中午揭开箱盖抖动副盖上的保温物，晒晒保温物。万一被蜈蚣咬伤，应迅速挤出被咬处血液，并用清水冲洗伤口，同时用手握紧伤口上部，防止毒液随血液循环，并迅速去医院就诊。

（湖北团风县马曹庙镇马曹庙村，438822　徐子成）

半蜜脾拼成整蜜脾

喂越冬饲料时难免出现不少半蜜脾。而越冬蜂群又需加整蜜脾，每群只能加 2 张半蜜脾，加多了半蜜脾蜂群越冬期饲料不够吃，会饿死蜜蜂。蜂群越冬前整理蜂巢时，如整蜜脾不够用（此时天气已冷，再喂糖已来不及），可用半蜜脾拼成整蜜脾。方法很简单，取 2 张半蜜脾，将其中 1 张穿线全剪断，用割蜜刀将脾整张切下，放在铺塑料布桌上，然后将无蜜部分切去，切线要整齐，以便镶入半张蜜脾。将另一张半蜜脾下半部割下，但穿线不剪断，把切下的半蜜脾镶入此蜜脾下部，尺寸事先算好，使其镶嵌紧密，铁丝压入脾中，拼好后放入蜂群中，经蜜蜂修整就成一张整蜜脾。

（辽宁铁岭市蜂业研究会，112000　林凤秋）

巧止盗蜂一法

遇上盗蜂发生是件很头痛的事，盗蜂与被盗群之间相互斗杀双双死亡造成严重损失，怎么办呢？有人用树枝稻草遮住被盗群巢门，结果被盗群已经出勤的采集蜂能从缝隙中进箱，盗蜂照样也能进箱，不能彻底制止盗蜂。有的关闭被盗群巢门，导致已外出的采集蜂进不了箱在巢门前拥挤成团，有的在空中乱飞甚至飞入别群又成了新的盗蜂，造成极其混乱的局面。有的干脆把被盗群迁往 5 千米外，在原址放一个空箱，此法缺点是太麻烦。以上这些方法都不太理想，这个问题成了困扰养蜂者的头痛事。

笔者的方法是把一块两个巴掌宽的吸湿性强的包装纸或布料浸上煤油，用图钉钉在被盗群距巢门约 1 厘米处上方就可以了，盗蜂前来在 1 米处就闻到煤油味很快就逃之夭夭，根本不敢靠近巢门，煤油味对蜜蜂刺激很大，但只要煤油不粘在蜜蜂身上对蜜蜂就不影响。但本群外出采集蜂归巢未到 1 米就能闻到煤油味，而不敢怠慢快速进箱，因为它必须进箱，别无选择。煤油味不会进入箱内深处，只在巢门口有气味，所以里面的蜂照常外出采集。可一到巢门口外闻到煤油味很快就飞走了。巢门前出现快进快出的场面。这就是煤油制止盗蜂的科学道理。看见这场面让人肚子都笑痛了。如果纸上的煤油干了，拿下来再浸一下，注意不要把煤油滴在巢门踏板上，一般两次就能止盗。

（贵州黎平县永从乡，557311　刘世文）

用旧塑料桶改制饲喂器

喂越冬饲料或补助饲喂时要用大号饲喂器，有时大号饲喂器不够用，急等用时可用小塑料桶改制成饲喂器使用，效果很好，能解决燃眉之急。选取 2.5～5 千克塑料桶，将上 1/3 剪去，留 1 条 3 厘米宽的提手。用时灌满糖水，放在继箱隔板外空处，糖水面要放飘浮木，用一次性筷子最好，以免溺死蜜蜂。因为留有提手，下次灌糖浆时将其提出，倒出浮木，灌满糖浆后再放好飘浮木，置入蜂箱。

（辽宁铁岭市蜂业研究会，112000　孙立广）

巧组虫源群

多数城镇定地养蜂者都面临着场地狭小的困境，条件稍好一些的有个小平台，楼房顶部又在 7 层以上，风大炎热不利于采集，而房顶上大多有住户安装的太阳能设备把有限的房顶挤得满满的，相互间干扰大，在自家阳台饲养场地更加狭窄，而且还需取得家人的认可。饲养在城郊的朋友家也有很多困难，那么怎样既要满足自己养蜂的兴趣爱好，又要充分利用有限的场地呢？那就要"精养"，古语说：兵不在多而在精，将不在勇而在谋。利用有限的场地立体饲养，把一个箱位当二三个箱位使用，一箱一王，多王同群。把最上面继箱内的蜂王放入"控产器"内作专用虫源脾，这样它既是虫源群又是产浆群，使强大的生产群和虫源群合二为一，不用专门组织虫源群浪费有限的场地，一般一张 70% 的虫脾最少也能移 10 个浆框了。自己的规模有多大计算就知道，这样既节约场地又能取得各种蜂产品的高产。

（四川省攀枝花市米易县农牧局，617200　梁以升）

从养蜂记录得到的启示

我有随时写养蜂记录的习惯，翻开十来年的养蜂记录，能从中总结出很多有用的养蜂经验，也有一些新发现。我家蜂场后的一棵杏树有 50 年树龄。自从开始养蜂，每年我都记录下杏树开花时间。这棵杏树开花较早的时间分别是 2 月 14 日，2 月 20 日，2 月 25 日；较迟的为 3 月 7 日，3 月 18 日，3 月 9 日等。对照这些资料我发现，凡是在 2 月开花的年份，蜂群春季油菜蜜都是大丰收年；凡是 3 月开花的年份，春繁蜂群起群慢，油菜蜜欠收。

鉴于这一经验，我们可以在蜂场栽上一些最早开花的植物，如腊梅、迎春等，坚持每年记录开花时间，这样来推算下一个蜜源植物开花时间，能起到重要参考作用。如果第一个蜜源植物开花推迟，积温未达到流蜜要求，可以推测下一个蜜源植物流蜜期是否推迟。这样做还可以根据早开花植物时间来决定春繁放王的时间，做到心中有数。

（湖北荆门市东宝区石桥驿乡灯塔八组，448153　赵政虎）

小群逃逸原因与解决办法

随塑料大棚种植业的发展，授粉用蜂不断增加，但授粉用新分群常出现逃逸现象，分析原因，主要是蜂群过小，蜂王产卵受阻；蜜源缺少或小群被盗，箱内无饲料；蜂种退化等原因所致。解决小群逃逸的办法是在新王产卵的半个月后，及时补壮小群。补蜂时要将出房的封盖子脾带蜂集中到一个空箱内，让老蜂飞回，再补入新分蜂。不要直接提蜂补入，以免引起围王。及时补入蜜脾，不要直接喂糖，小群无防御能力，容易被盗。如发生逃逸，收回后另置一处，次日补足蜂及饲料。

（辽宁丹东振兴区兴一路43号楼1-402，118000　张兴绵）

蜜蜂的搓衣板动作

2003年7月8日椴树开始流蜜，可到12日，便看蜂群开始做搓衣板动作。从采过蜜的多数蜂群开始，有很多蜂聚集在巢门口做搓衣板动作关且持续很长时间，从早晨一直到日落。到蜜源结束才慢慢减少或停止。之后3年情况都是如此。2007年7月8日椴树开始流蜜。可7月9日下起了雨，12日天晴，13日恢复流蜜。7月16日早蜂飞正常，蜂群采集积极。到9点多钟看到有的蜂群开始做搓衣板动作。我便断定流蜜将终止。邻场蜂友认为因气候反常，椴树流蜜会延后。而我早做好了归程的准备，不致临时准备转场的忙乱。

我观察到不光椴树蜜源如此。6月中旬的油菜等一些单花种的大宗蜜源也一样。8月中旬的秋蜜即使有，也不过廖廖无几，在蜂场中占的比例很少。就蜂群而言，越是采集积极，进蜜多的中等以上的强群做这种动作的越多。

当蜜源流蜜，蜂巢中采入花蜜后，整个蜂巢便充满蜜香，易招来盗蜂。我认为蜜蜂的搓衣板动作实际是蜜蜂在蜜源期的一种保护行为。蜜蜂将群味涂于巢门口，使其群味强烈，本群蜂认家准确，对盗蜂起警示和恫吓作用。所以，在蜜源地观察到蜜蜂有这种行为时，应早做转场准备。

（黑龙江宁安市沙兰镇新区，157433　杨进学）

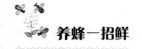

养蜂小经验三则

一、旧脾翻新利用与巢脾修补

有的巢脾无雄蜂房，脾面平整，只是用的时间长，巢房虫衣厚。这样的巢脾也可以翻新利用。往巢房中喷些清水，把割蜜刀磨快，从巢脾的下部开始，将巢房的深度割去3/4。

如果巢脾下梁碍事，可以用手提巢脾向外推着割，如果靠上梁碍事，可以少割一些，因为巢脾上部大多都存放蜜粉。在外界有蜜粉的情况了，将割好的老巢脾放到没有分蜂热的繁殖群里。如果是蜂多于脾，一昼夜工蜂就可将老巢脾改造好。这么做一举两得，省下巢础，也能多收蜂蜡。

在流蜜期有的新巢脾装满了蜜，在取蜜时会被摇蜜机甩坏，原因是框线穿的少或靠上，下部没有框线，如果坏的面积大，可以加一根框线，补上一块巢础，放进小群里很快会补好，有些新巢脾用的时间不长，只是在下边有雄蜂房，可以割掉雄蜂房，不用补加巢础，放入小群，保持蜂多于脾，奖喂饲料，蜂群就会补上工蜂房。

二、震动抖蜂

在流蜜期取蜜时，提脾抖蜂经常有些幼蜂钻到巢房里不出来，用蜂刷扫越扫它越往里钻，蜜脾放进摇蜜机里一转动，它就飞出来，正好掉到蜂蜜里被淹死，为什么放到摇蜜机里一转动它就会出来呢，是因为摇蜜机转的时候有震动力，根据这个道理，在提脾抖蜂时，不要急着扫蜂，先用蜂刷轻敲几下巢框，幼蜂就出来了。

三、摇蜜小巧门

在摇蜜时有的巢框上粘满了蜜蜂，蜜的浓度高粘的更多，往地下一放，蜜就流到地上，粘在手上，干活不方便，这是因为摇蜜机转动时将蜜甩到巢框上了，在往摇蜜机里放巢脾时，一定记住框梁朝摇蜜机转动方向的前方，蜜就不会甩到框梁上。

翻过巢脾摇蜜再向相反方向转动就行了。这样幼虫甩出来的少，因为巢房的孔眼是向上斜着的。

（黑龙江海林市横道河子镇正南村春雷屯养蜂场，157115　韩福录）

断粉处理工蜂产卵法

大凡碰到工蜂产卵，都是采取更换、介绍蜂王、清理巢脾等方法。等蜂王能正常产卵，拖延的时间太长。饲料消耗很高，一个强群就变成了弱群。我养的蜂群势较强，去年10月中旬囚王，喂足越冬饲料后气温较高，外界还有花粉，结果两个双王群一个单王群出现了工蜂产卵。今年1月，开始下雨，后来下大雪，再是雪后低温，时间长达一个月。箱内花粉自然断绝，工蜂也就停止产卵了。清理雄蜂后，喂花粉，之后再没出现工蜂产卵现象。所以我意外发现了这个处理工蜂产卵的好方法。因为营养不足，蜂王和工蜂不得不停止产卵。以后虽有花粉供应，当蜂王自由活动后，蜂王物质正常传递，就不会出现工蜂产卵现象。当我们检查蜂群发现工蜂产卵，随即介绍进蜂王或成熟王台，等蜂王产卵后，抽掉所有的花粉脾，在巢门口脱下所有花粉，待蜂王与工蜂停产5～10天后，再给蜂群供应花粉。

（江苏常州市遥观镇西马庄，213102　徐继轨）

转地放蜂最佳换王法

说到换王，很多蜂友各有高招，在众多方法中我选择的是一次性原群换王法，不用交尾群。因为我养蜂主要以长途转地为主，南北大转地，行程数千里，蜂数又多，经常更换场地，用交尾群太麻烦，成功率也不太高，我采取原群直接诱入王台法。原群诱入王台选择适宜的时间非常关键，一般在6月合适，此时粉源充沛，蜂群强壮，又是荆条、椴树两大主要蜜源即将流的时期。在王台成熟前3天将原群的蜂王集中存入贮王器备用。3天后介入王台，时间要算好，新王产卵最好是在大流蜜期，蜜蜂采集积极性高。也可7月20日育王，这样就能保证新王都能在8月20日产卵。

原群换王有两点要注意，一是处死老王一定要在两天半以上，否则新王出台容易被围。但不可超过5天，以免工蜂产卵；二是老王不必全部处死，选好的保留一部分，以备意外失王补充。

（辽宁铁岭县李千户乡马侍郎桥村兄弟养蜂场，112600　陈　伟　陈　旭）

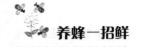

寒冷雨雪天冻僵蜂的解救

天气不稳定，蜜蜂为了排泄、采水、采粉，外出活动。如果天气突然下雨，外勤蜂常常被冻僵在蜂场附近或巢门口。我对这种情况除按常规管理外，还采取了补救处理，收到了良好的效果，方法如下：

每天下午外勤蜂归巢停止活动时，将巢门口附近及场地上被冻僵的蜜蜂收集起来集中在一个大口纸盒内，放在火炉旁暖一暖，看到蜜蜂大部分开始蠕动时，将较强壮的蜂群箱盖、覆布、副盖一同从前部掀起，将纸盒里蠕动的蜜蜂全部倒入蜂团中部框梁上，迅速盖上箱盖，箱内蜜蜂还没来及飞出就盖上。

这样既不降低温度，又不影响箱内蜜蜂工作，还救活了冻僵的蜜蜂。少数的真正死蜂会被拉出巢门口外，多数冻僵的假死向蜜蜂在箱内很快复活并和谐相处，安然无恙。也有个别老蜂会在第二天天气好的情况下返回原巢，不会出现什么问题。越冬后的成年蜂非常宝贵，这样每天都进行补救处理后，大大减少了成年哺育蜂的损耗。

（河南省洛阳市伊川县吕店乡中心小学，471313　高永奎）

自然分蜂群原群寻找方法

在养蜂过程中常常会不经意间，蜂群发生自然分蜂，当我们看到的时候，已是满天飞蜂。如果发现较晚就分不清是哪箱发生了自然分蜂，寻找起原群来又十分麻烦，如果利用蜜蜂有标识性气味的生物特性，就很容易将原群找出。

首先要等蜂团落定，结球后，将蜂团抖入蜂箱，如果蜂王在箱中，则留下部分蜜蜂将蜂群移走。留下的蜜蜂会在原结球处聚集，因没有蜂王存在，一会儿便自动散开。这时可在蜂场观察，如发现有较多蜜蜂在巢前板上，高翘尾部露出臭腺，并且振翅扇风，扩散气味，便是自然分蜂群原群。这种方法很灵，如遇上这种情况，请蜂友验证。

（黑龙江密山市太平乡青松村，158302　林晓晨）

蜂王快速交尾法

众所周知，一般大群交尾慢，小群交尾快。根据这一情况，我采用了无脾交尾法繁育蜂王。方法是把成熟王台粘到空框下，抖进一脾蜂，老蜂返回后剩半脾幼蜂就足够了。巢框下用小料盒放些糖粉以备食用，不会挨饿，也不会被盗。我用此法多年，成功率极高。在没有天气影响的情况下，处女王出房后10天内必定交尾成功。交尾成功后，巢框下工蜂开始筑造白色小巢脾。蜂王很快产卵。蜂王产卵后介入大群，交尾群再放入成熟王台，依此循环。

此法快捷、方便、安全（不起盗）、成功率高。还一优点，拿走蜂王后时间再长，工蜂绝不会产卵。此法有利的保护处女王的体质，在外界气温低时，处女王可以很快的进入蜂团内，使处女王始终保持健壮的体质。望广大蜂友不妨一试。

（山东莘县徐庄乡东孙庄鲁西养蜂协会，252424　孙乐安）

提交尾群防盗一法

在提交尾群时，选择颜色大小与大群一样的蜂箱，放在大群后面。小群的巢门紧挨着大群后箱壁，巢门关小到只能两个蜂进出。从大群提两脾蜂放入后面小群，在邻近的大群里再提一张正出房的子脾和一张蜜脾放在交尾群的另一侧；一天后小群采集蜂全部飞回原群，导入王台，处女王出房后就以将小群搬到新址，让蜂王交尾。如交尾群起盗可用青草挡住巢门，让工蜂只能出不能进，盗蜂自然停止。如果处女王被围可将小群还原；不起盗后再搬回。此方法的依据是原群提的交尾群放在大群后面，工蜂发出无王信息后大量吃蜜飞出必定飞回原群，由于很少飞到后面的小群故不会起盗窃，我用此法在无蜜期成功育出很多蜂王。

（湖北荆门市东宝区石桥驿乡灯塔八组，448153　赵正虎）

防止饲喂器淹蜂饲喂法

我们在给蜂群大量补喂糖浆时，饲喂器中常有很多蜜蜂滞留，在添加糖浆时会淹死很多蜂。为了减少取出饲喂器清理蜜蜂和避免招来盗蜂的麻烦，不妨用手提水壶喂糖浆，先在水壶嘴上套牢一根细塑料管，塑料管的长度可按使用的饲喂器大小来定。使用时，向饲喂器里倒糖浆的一头要插入饲喂器内漂浮物的下方，然后缓慢地倒入糖浆，缓慢上升的漂浮物迫使蜜蜂向上退缩，减少蜜蜂被淹。

也可以用一只大小相应的漏斗，在出口处套牢一根细塑料管，使用时另一头扎入饲喂器底部，再向漏斗里倒糖浆，效果也很好。

请大家注意的是，补充糖浆的温度应在30℃为好，给那些难免浸入糖浆中的蜜蜂提供一个争扎自救的温度条件。

（黑龙江林甸县黎明乡志合村蜂场，133600　赵　静）

简便收捕蜂团法

养蜂群数较多的人，每年夏末秋初时难免有数群会发生自然分蜂。自然分蜂飞逃的蜜蜂中有老王带蜂分出，也有处女王带蜂分出。一般新分群在蜂场附近的树枝上或灌木丛中结团。结团而超过3米高的蜂团就不好收了。下面介绍我历年来收捕自然分蜂团的简便方法：

将巢箱放在蜂团下的地面上。根据蜂团的高度准备好竹竿（一根或几根竹竿连接），用绳子将有子有蜜的巢脾固定在竹竿的顶端，将绳索两端沿竹竿顶端下分别按左右方向绕竹竿系活结，然后将捆脾竹竿举至蜂团上方靠紧。将竹竿斜立在地面上。蜜蜂便会爬上巢脾，当大部分蜂上脾后，慢慢收回竹竿，查找蜂王，并注意观察是老王还是处女王。若蜂王在脾上，将蜂脾放入巢箱，盖上附盖和大盖，敞开巢门，用竹竿将树上余下的蜂团搅动几下后离开。不一会，树上余下的蜂会寻蜂王而回。倘若第一脾未收捕到蜂王，将收捕的蜜蜂放入箱内盖上大盖。关上巢门，用第二张脾继续收，一般一至二次即可成功。

（湖北团风县马曹庙镇马曹庙村，438822　徐子成）

利用蜂王捕捉逃蜂

利用蜂王捕捉逃蜂，方法简单易行。发现蜂群大部分飞出蜂巢，赶快捉一只贮备蜂王关于王笼中，挂在飞逃蜂群飞行线便于捕捉蜂群的位置，蜜蜂就会在王笼上逐渐结团，并越聚越多，飞逃的蜂王最后也可能来此结团。蜂群一般不接受，会引起围王。这时注意把蜂王解围，把它关在另一只王笼中，挂在蜜蜂开始结团那个王笼附近，一些蜜蜂也会在这个王笼上结团。另一方法是当蜂群已经落下并结团后，捉一贮备王关在王笼中，用高竿挑起逐渐接近飞逃的蜂团，同时骚扰飞逃的蜂团，使其飞散，就会有蜜蜂在王笼上结团。这时要不断骚扰逃蜂的结团处，使蜜蜂落回后再次起飞。这样大部分逃蜂会在王笼上结团。待发现飞逃的蜂王飞来蜂团后，立即捉住，关于另一只王笼中，挂在先前那个王笼的不远处。

（山东招远市蚕庄镇柳杭村，265402　刘华兴）

报纸防晒效果好

有些同志的蜜蜂放在自家屋顶的水泥地面上。水泥地面存在一个度夏问题。夏天气温一般在 30～35℃。经测量，当气温在 35℃ 时，水泥地面和箱盖上的温度达到 58℃，大盖下的温度可达 45℃ 以上，在火辣辣的阳光下，地面和箱盖热得烫手。

我介绍一种最简单的方法：蜂箱的覆盖全部用纱盖（尼龙纱网或钢纱网），便于通风透气，不用木板盖。在纱盖上盖 5 层以上的报纸，把报纸的一个角折起来。报纸上再盖一块白色覆布就可以了。这样开箱检查也很方便。

经测量，在阳光直射下，天气预报气温最高为 35℃ 时。测得水泥地面和箱盖的温度达 56℃ 以上；大盖下面与报纸表面为 45℃；而报纸下面和纱盖接触面的温度在 37℃ 以下。从 1994 年到现在，我的蜂群大部分时间都是放在城郊农户的屋顶水泥地面上，用上述方法都能安全度夏。

（湖南省隆回县盐业街 62 号，422200　刘望贤）

工厂附近不可放蜂

在城郊放蜂，蜂群是最好的活广告，蜂产品好销，且价格高。但城郊也是工厂比较多的地方，有的工厂排出有毒废气和污水，会引起蜜蜂中毒。笔者和蜂友在泸溪老县城武溪镇放蜂，出现爬蜂，喂药、喷药都无效，爬蜂一天比一天多，我俩只好搬出武溪镇。荆条大流蜜时，搬回武溪镇采荆条蜜。半个月后又出现爬蜂，并且越来越多，只好再搬走。就这样，蜜源流蜜时搬进，出现爬蜂后就搬走。后来发现，原来离蜂场 500 米有一家磷肥厂，是该厂烟囱排出的有害废气导致蜜蜂中毒。

另一蜂友在硫酸厂附近放蜂，上午搬到场地，摆好蜂箱，下午就发现爬蜂，查找原因，是蜜蜂采了硫酸厂排出的污水，引起爬蜂，当天晚上就将蜂群搬走了。初学养蜂的张蜂友，2006 年夏季在造纸厂旁放蜂，蜜蜂采了造纸厂排出的污水，中毒死亡，见子不见蜂，损失惨重，只好搬回老家。

（湖南泸溪县职业中学，416100　龚绍安）

养蜂防蚁二法

一、用 10 厘米长的铁钉（钉子直径不要粗，长度够就可以）钉入蜂箱四角，尽量让钉子的高度在同一水平线上，或巢门方向可略低，使蜂箱呈前倾，也可用 3 枚钉子呈正三角形状钉入蜂箱底部。对应钉子部位垫上砖头，砖头上放高度低于 10 厘米的塑料瓶或玻璃瓶，直径小于 5 厘米，防止蜜蜂误入，将瓶内注入废机油，或一半水一半油，机油浮在水面水分不易挥发，避免蜜蜂采水跌入瓶内淹死。再将已钉入钉子的蜂箱插入瓶中（注意钉长部分要露出瓶口最少 1 厘米），然后调整好蜂箱的位置即可。要锄除蜂箱周围的杂草，避免蚂蚁沿着杂草爬入蜂箱。

二、在蜂箱四周挖出一条深 10 厘米左右、宽 5 厘米左右的小沟，小沟内用水泥抹光或垫入塑料布，然后注入清水，锄除蜂箱四周杂草，此法虽然简单易行但容易使个别蜜蜂跌入沟中淹死。

当然，最根本的是选择分性弱且能维持强群的蜂群培育蜂王，只要达到 5 脾以上的蜂群，做到蜂脾相称或蜂略多于脾，蚂蚁也就无法上脾危害。

（云南永胜县养蜂管理站，674200　尹　刚）

沸水烫刀割蜜盖法

因我采用的是集中式蜂群草埋越冬法，越冬效果较好，蜂群在整个越冬期耗蜜量仅为贮蜜的1/3，余下的2/3封盖蜜脾春繁前必须换出，如果封盖蜜脾不换出，繁蜂速度变慢，原因就是封盖蜜脾迟迟不能被子脾代替。要想让春繁蜂群快速利用这些封盖蜜脾，就必须割去蜜盖，才能起到事半功倍的效果。

前些年用快刀直接割蜜盖，非常费力。原因是早春气温低，提出的封盖蜜脾变硬，变脆，致使工作效率极低。通过几年的试验，终于有了轻松割去蜜盖的好方法，那就是沸水煮刀割蜜盖。烧一锅水，放入两把快刀，用两把刀交替割蜜盖。因为是沸水煮刀，割起蜜盖轻而易举，水沸之后可以用小火慢烧。

（山东定陶县南王店镇张董集朱庄村，274101　陶春林）

突击移箱止盗法

当蜂场出现较大盗情时，不分自盗或他盗，在傍晚蜜蜂停飞后，彻底打乱场内蜂箱摆放布局，重新将蜂箱组合移新址摆放。将蜂箱摆放到新的地方，箱体间紧凑，面南背北，东西走向弧线摆放。北边为第一排最多，再向前1.5米摆放第二排，数量要比第一排少两箱，第三排第四排依次类推。这样整个蜂场的箱体摆放布局呈扇面形。然后大开巢门，分散蜜味，同时用清水逐箱清洗巢门处，消除盗迹。3日内不开箱检查蜂群。外出归巢的蜜蜂只记清场址。盘旋一阵后互进异箱为家，只只如丧家之犬。气息混淆顾及不到斗杀。场地上空有一个强大的蜂团在飞绕，他场游蜂望而却步，也不再作盗。

（黑龙江林甸县黎明乡志合村蜂场，166300　赵　静）

越冬蜂第一次飞翔的记忆力

越冬蜂第一次飞翔的记忆力是惊人的，我们应了解蜜蜂这一生物学习性，以便更好地管理蜂群。

我连续多年对越冬蜂群实施二次越冬，也就是在第一回暖的时间放蜂排泄，随后，在当天傍晚再次入窖继续越冬。2005 年蜂群越冬至 4 月 18 日出窖开繁；2006 年到 4 月 23 日才出窖。有人说入窖 7 天，再出窖时蜜蜂可忘记原址，我在 2005 年就发现了第一次飞翔的蜜蜂记忆力可超过 7 天。

在 2006 年春天我做了实验，越冬蜂第一次飞翔的蜜蜂记忆力超过了 13 天；经两天连续飞翔后再入窖后的记忆力超过 25 天。越冬蜂刚出窖的几天内是可以随意调整的，但根据蜜蜂的记忆力的时间的长短，应该在飞翔全群 1/3 的工蜂，如果连续飞了 3 天后再调整的话，调动的蜂就可能飞回原群；调整后再次入窖也应该超过两周才行，这样才能保证被调动的蜂不再飞回原群。

（黑龙江宝清县五九七胜利村，155610　赵永春）

治巢虫小经验

中蜂最易受巢虫危害，严重的蜂群弃巢而逃。

我经多年观察，发现有蜡屑的蜂箱底部经常有巢虫和巢虫结茧化蛹。因此，我尝试着用四方的矿泉水塑料瓶，剪掉一方做成简易饲喂器，放在蜂箱内，有意识地在漂浮物中加入些旧巢脾，吸引蜡蛾产卵。果然效果不错，这种饲喂方法，蜜蜂采食方便、快捷，还能定时从器底和更换的漂浮物中消灭大量巢虫及蟑螂等。如保持蜂多于脾且蜜足的话，巢虫就很少上脾危害。

如有极个别受巢虫危害严量的巢脾，我处理的方法是把老脾直接化蜡，新脾切除半节蛹皮，用水冲去死蛹，摇蜜机甩干水分，太阳下翻晒几分钟，敲掉爬出的巢虫，放入强群让工蜂清理再用。这样处理巢虫危害，不会因药物污染蜂产品。

（湖南安化梅城落霞湾养蜂场，413522　谌定安）

油菜花期换王

我在油菜花期更换蜂王，由于关王介入王台成功率低，我提一部分交尾群，成功后连蜂带脾直接介入老王继箱群，继箱蜂量只增不减，成功率很高。

在3月1~5日养王，12日后介入王台，在21~25日新王产卵后，在原来的继箱上开一个小巢门，把新王连蜂带脾放入继箱内。原箱老王带一个出房子脾调入交尾群与新王互换。下次介入王台前去掉老王介入王台，进行重复利用。直到换完所有老王。

这样既保持了原群不垮蜂又换了新王，相应地关了几天王，提高产蜜产浆量，进入洋槐花、柑橘花期又有了适龄采集蜂，一举两得。这样做，应在越冬前把蜂螨治好，第二年7月再治一次。

（重庆市酉阳县甘溪镇泡木蜂场，409800　刘胜乾）

早春喂水小经验

养蜂人都知道，蜜蜂习惯在一个相对固定的地方采水，所以，早春给蜂群喂水要早准备，就北京地区而言，立春以后蜂王就开始少量产卵，工蜂就开始找水，因为此时气温低，蜜蜂伤亡较大，早在蜂场上放水可少伤蜂。

我的做法是：在4~5群蜂的巢门前放一张旧巢脾，巢脾下边用木块支好，防止巢脾粘土。然后用水壶往脾上浇水。因巢脾上存水量少，太阳一晒，水就升温，蜜蜂喜欢采而且不伤蜂，如果能加温水更好。注意巢脾上的水要不间断，断了蜜蜂会另寻水源，到别地采水。蜜蜂飞到远处采水体力消耗很大，尤其是早春，如果蜜蜂在很远处采水，半路休息落在阴凉处，有的蜂就飞不起来，伤亡很大。解决问题的关键在于早喂水和不间断喂水。

（北京房山区河北镇三十亩地村，102400　王奎月）

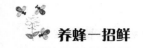

如何延长越冬蜂寿命

几年来，我在冬季对蜂群采用遮挡阳光控飞的方法收到了很好的越冬效果，就北京地区而言，在喂完越冬饲料后，有长达5个多月的低温天气，采用遮阳的方法，蜜蜂很少飞出。首先，越冬蜂群必须在4框蜂以上。到立冬时夜间温度下降至 -4 ～ -3℃时，把蜂群8～10群1组排好，蜂箱底下垫些防潮物，撒些石灰粉防鼠，然后在早晨温度低时，用长草帘盖在蜂箱上和蜂箱前面，两边遮住阳光，避免阳光照射使箱内升温。在立春后有好天时，让蜜蜂排泄2天。然后遮光控飞，打开巢门，防止巢内温度升高。只要蜂群不缺饲料就冻不死蜂。

（北京房山区河北镇三十亩地村，102417　王奎月）

稳妥的诱王法

在养蜂生产中，诱王是一项必不可少的技术，稍有不慎会给蜂群的繁殖或生产造成损失。因此，提高诱王的成功率是养蜂者必须掌握的一门技术。无论采用哪种诱王法，养蜂者都希望获得成功，让蜂王尽快恢复产卵。直接诱入法在流蜜期尚可，但在缺乏蜜粉源期间，更换老劣王真是一件伤脑筋的事，笔者反复试验认为以下方法较安全。

1. 幼蜂诱王法　利用将要出房的老蛹脾、幼蜂及蜜粉脾放入事先准备好的空箱，随手将蜂王放入，盖上覆布与大盖即可。

2. 白酒诱王法　向箱内喷白酒，蜂王也喷些酒，这样蜂群气味相同，新王不惊慌也不受围，过两小时开始产卵。

3. 巢继箱两步诱入法　先将老王取出，在巢箱上口盖上窗纱，用图钉钉好。加上继箱，把新王小核群放入继箱内，箱门与巢门方向相反，从巢内的无王群中每天提1脾蜂补充继箱小核群（小核群边脾按序加脾），逐步削弱无王区蜜蜂，逐步增强新王区，形成有王区蜂数多于无王区，然后合并。这样既不影响蜂王产卵，同时也极大地发挥了新王产卵旺盛的几率，此法安全可靠，对多次诱王失败的无王群更有效。

（河北饶阳县东里满乡郭村农业技术站，053901　王继训）

准确迅速查找飞逃蜂群

蜂场发生逃蜂是常有的事，如果及时收回分蜂团，迅速确定哪箱蜂发生了逃蜂，养蜂者就可根据箱内有无成熟王台或无处女王等实际情况作相应处理，或分蜂或合并，这样就有可能由坏事变成好事。可是，在实践中由于种种原因只收回了分蜂团，而不知道是哪箱蜂发生了逃蜂，这样就给收回的分蜂团在处理上增加了难度，同时也给发生逃蜂的原群带来了安全隐患。我在实践中应用一种简便快捷的方法查找逃蜂群收到了良好的效果。

将分蜂团收回并放在阴凉处。当蜂群安定以后迅速查找蜂王，这里特别强调的是蜂群安定以后，如果蜜蜂满箱乱爬，并振翅轰鸣时就不要急于搬动位置和查王，以免造成失王。

查到蜂王以后，把不带蜂王的蜂脾提到离收回分蜂群 10～20 米的地方，把蜜蜂抖落在空地上，并在蜂体上洒上少量白面。

养蜂者抖完蜂后迅速回到蜂场查看，发现带有白色面粉的蜜蜂钻入蜂箱或箱门的踏板上，箱前的平地上集体振翅发出招呼同伴归巢的信息，这样就可确定逃蜂群，根据箱内的实际情况，对收回的分蜂和逃蜂作出相应的处理。

（黑龙江黑河市 47 号信箱 31 号，164300　孙善成）

中蜂借脾改活框饲养方法

中蜂活框饲养管理，能大幅度提高产量。近年来中蜂有较大的发展，春末夏初山区有不少分蜂群飞到农家的屋内或屋檐下或树上，农户将其收回，若用老法饲养，实在是落后了，应活框饲养。怎样才能快速改成活框饲养呢？正确的做法是向他人或他群借来快速改成的脾，且脾上有正在出房的幼蜂，至少有一张巢脾，放在蜂箱中央，视蜂多少，两边添加活框，供造脾使用。因脾上有子有粉有蜜，给蜂群创造一个良好环境，蜂群是不会轻易飞逃的。这样改活框饲养能很快发展成为强大的采蜜群。

（河南西峡职专，474550　庞双灵）

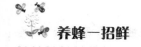
速造无雄蜂房巢脾法

我利用每年第一个花期培育一批新王，用 2～3 脾足蜂组交尾群，让处女王交尾，产卵一星期后，抽出 1 张幼虫脾，补 1 张正开始出房的封盖子，在下午 6 时插入 1 张巢础框，当晚饲喂 1：1 蜜水 1.2 千克。第二天检查，如已造 80% 并已在新巢房中产了很多卵时，当天下午 6 时将新巢脾抽出，放到老王群中修造，加插新巢框到新王群。重复上述方法，新脾无雄蜂房。在老王群加新造脾因蜂少接受慢时，再把新造的半成脾抽出放入空箱保存。在零星辅助蜜源期，再加入各群中继续修造，一般一个流蜜期 1 只新王能造 10 张无雄蜂房的好脾。

（湖南邵阳市新宁县第一中学，422000　阳茂颂）

王笼巧利用

我们平时购买的竹塑多功能王笼的确很好，是不可缺少的养蜂小工具。蜂友们可将囚王的王笼稍作改动即可增加用途。也希望蜂具生产厂家能改进模具，以方便蜂友使用。

具体方法是用小刀将王笼入口一端长方形塑料板中部小口扩大至直径 16 毫米的圆洞。

在分蜂育王期间，先将王笼小盖去掉，将王笼隔王栅孔调节成工蜂不能进入但能喂饲到蜂王状态。将采集到的成熟自然王台在王笼上装好，开王笼口，可将王台装入大半。然后用透明胶带将露出的王台后端包好，不让工蜂咬开即可。将装好的王笼挂回蜂群保温等待出房。也可安装刚封盖的自然王台，但要将王笼安放在蜂巢中部保温的地方，几天后也能正常出房。蜂王出房后，检查正常就可介绍给蜂群，也可用作处女王贮备。改进后的王笼可替代铁丝圆王笼和铁纱网王笼。

（重庆忠县乐天路 10 号 B 座，400015　张晓卫）

灭蚊蝇谨防蜜蜂中毒

农村定地养蜂的蜂友大多将蜂群摆放在房前屋后，便于管理且蜜蜂不会蜇伤他人。由于农村池塘沟渠遍布，容易滋生蚊虫。每到夏秋，人们常用各种农药灭蚊剂杀灭蚊蝇。但是，定地养蜂者在夏季灭蚊蝇时，应防蜜蜂中毒。

去年暑期，我蜂友的蜂场就发生中毒事件，蜂场死蜂遍地，厚厚一层，让人心痛。原来，因为蜂友将敌敌畏稀释液在室内喷完后就在室外墙壁喷了一遍。由于天气闷热无风，敌敌畏在空气中慢慢扩散，半小时后，离房屋较近的约有15米处的11群蜂像要分蜂一样拼命从巢门往外涌；离房屋约20米远的8群蜂也有部分从巢门往外奔，人根本无法靠近蜂箱。他自知是敌敌畏伤蜂，于是忙拿来电扇吹，并向空中洒水，但都无济于事，眼睁睁地看着成群的蜜蜂死去。

事后经清查，11群全部死光，8群死伤过半且未封盖加幼虫全部伸到房口，只有10群稍远的蜜蜂幸免。仅蜂场内死蜂就扫出两笤筐。为了吸取蜂友的教训，请定地养蜂的蜂友切不可在蜂场周围喷灭蚊药。也不要用喷过农药的喷壶喷灭螨药。蜂用药及其器械不要与农用药及其器械混放。

（湖北团风县马曹庙镇马曹庙村，438822　徐子成）

简易化蜡法

养蜂人经常淘汰老脾或刮去巢框上多余的蜂蜡，这些碎蜡保管不当极易滋生巢虫。所以，养蜂场的旧巢脾和碎蜡要及时化蜡。现介绍一个简单省事的方法，可方便解决小型蜂场的化蜡问题：

取一口大锅，加半锅水，将碎脾装入纹路较稀的编织袋内扎好口，放入锅内，开锅后煮半小时。一人用钩子拎起编织袋，一人用自制木夹板夹编织袋，使蜡液流出。将锅端下，待水凉，蜡凝结后，捞出蜡块放在锅盖上，蜡块下面朝上，一边用水冲，一边用刷子刷净杂物，将鲜黄纯净的蜡块包好待售。

（河南伊川县吕店乡中心小学，471313　高永奎）

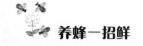

养蜂一招鲜

蜂群春繁必须远离塑料大棚

我地蜂群春繁一般在1月15日至2月初放王紧脾。蜂友小幸几年来定地饲养30多群蜂，每年都能取得较好的经济效益，2006年1月中旬，小幸和往年一样紧脾开繁，蜂量每群平均不低于2框足蜂。我地只要经过50天春繁，蜂群一般就能上继箱，进入油菜花期，不久就可取浆收蜜，可是小幸的蜂群却一直加不上脾，总是和紧脾时相差无几，有的群蜂、蜂量还不到紧脾蜂量。小幸仔细查找原因发现是因为蜂场周边地带出现上百个种植户塑料大棚，当晴天棚内温度过高时，种植户在大棚中间打开通风条，采集工蜂闻到大棚里散发出的花香味，就进入大棚内采集花粉，大部分采集工蜂有进无出，造成小幸蜂群春繁严重损失。以上教训望蜂友们注意，避免同类事件再次发生，春繁必须远离种植户塑料大棚。

（江苏无锡中北新村35-503室，214001　杨荣良）

解救被围蜂王小经验

1. 判断围王状况　倘若发生围王现象，从巢外便可以看见有许多青壮年工蜂相继受伤，它们拖着翅膀，弯曲腹部，从蜂巢内吃力地爬出巢外，尾尖变黑，吻伸出，落地而死，巢门口一般有几十只，甚至有几百只工蜂尸体。开箱检查时，蜂群秩序大乱，有的蜜蜂成对撕咬，有的死在箱底，更有一大团蜂围在一起，这就可以判断蜂群围王了。

2. 解救方法　解救围王时要细心，可用喷烟器把蜂团驱散，或用蜜水、糖水洒向蜂团，待工蜂都忙于清理蜂体和吸吮蜂王身上的蜜时，再细心拉脱工蜂或把蜂团投入清水中，蜂团会迅速散开，但往往最后还有数只工蜂死死咬住蜂王的足和翅膀，这时，千万不能用手强行拉开，避免损伤蜂王，应特别细致地把最后围攻蜂王的数只工蜂捏死，这样蜂王才能最后安全得救。倘若围王时间过久，蜂王得救后像死去一样不动，则多半是因为蜂王被围困时缺氧暂时窒息，只需要把蜂王放在清净的环境，保持适当的温度，稍候一段时间，蜂王会清醒过来。

（吉林吉林市丰满街园林路47号，132108　王晓亮）

冰块冷敷可止蜂蜇疼痛

蜜蜂毒液成分复杂，呈酸性，人被蜇后局部呈烧灼样疼痛，持续约 5 分钟，之后疼痛减轻，持续半小时以上。蜇后还可引起局部红肿，红肿的轻重因人而异，个别人被蜂蜇后红肿较重，肿块甚至超过 10 厘米。过去介绍的蜂蜇止痛法如涂淡氨水、用凤仙花或马齿苋捣碎敷蜇处，效果都不很理想。

笔者在实践中发现，用冰块冷敷被蜇处，可使疼痛立止。此法非常简单，止痛效果又好，方法是取约鸡蛋大小的冰块。装在清洁不漏水的小塑料袋内，冷敷被蜇处。冷敷约半分钟，疼痛即减轻或消失，相当于寒冷麻醉。如冰箱中无冰块，可用冰棍代替。现在食杂店随处都可买到冰棍。冰块中加盐可使冰块温度下降，可增强冷冻效果，止痛效果更快。即将冰块砸碎，加精盐 1~2 克冷冻。但止痛后要停止冷敷，以免引起冻伤。蜂蜇后引起的皮肤红肿，也可用冰块冷敷，使红肿迅速消退。每天可冷敷 2~3 次，每次 30 分钟。治疗红肿，冰块中不必加盐。

（辽宁铁岭市南马路 51 号蜂业研究会，112000　林凤秋　孙　烨）

不扰动蜂群放王法

囚王后放王时总有部分蜂群围王。我地蜂友总结了一个好方法，那就是可把王笼挡门棍用加长王笼的竹棍替换，因为此棍长，使棍的末端置于盖布处，顶在盖布上，目的是放王时不动王笼，抽出挡门棍就可放王，不惊动蜂群，不惊动蜂王，蜂王不知不觉地出笼，也就不会慌张了，所以成功率高。一般放王后 2~3 天检查蜂群，基本不会围王。观察发现，一般此时王笼都被蜂蜡粘连在脾上，只要轻轻拧挡门棍便可抽出，也有部分王笼未被粘脾，可用左手拿一根筷子顶住王笼，右手轻轻拧动挡门棍慢慢抽出即可。

此放王法也存在不足之处，就是如果蜂王死在王笼内，无法察觉。只能在放王当天察看蜂群巢门，如果有工蜂乱爬而且煽风，可能就是蜂王死了，否则就是围王了，发现此情况必须马上开箱检查。

（山东定陶县南王店乡张董集朱庄村，274101　陶春林）

中蜂分群最佳时期

这几年养中蜂总是今年取点蜜，蜂就垮了，下年还得重新复壮。分点小群往往会让意蜂盗垮。后来想起父亲说过"分蜂不取蜜，取蜜不分蜂"。因为我取蜜又分蜂的作法与我地实际蜜源情况相违。我地油菜蜜源在春分后流蜜，4月10日前后桐花开放。这时中蜂不论群势强弱都有明显增强。强群内有大量雄蜂蛹，工蜂采集积极。如有成熟王台就可顺手分蜂。

由于此时桐花流蜜未结束，后边接着还有洋槐开花。新老群都会迅速复壮，到了6~7月通过荆条期，蜂群抗盗力会大大增强。实践中可视蜂箱内存蜜多少，按分蜂少取蜜的原则取余蜜。这样可达到分蜂取蜜两不误的目的。另外，通过比较，我地定地饲养中蜂分蜂必须在立夏到小满之间完成。如若再晚分蜂，必遭意蜂盗袭。

（河南禹州花石下庄村，461670　夏启昌）

野外防蚁一法

野外放蜂避免不了会有蚂蚁干扰，一群正常工作的蜜蜂如果不断受到蚂蚁的干扰，就会变得性情暴躁。听蜂友说，用开水烫很有用，几次试用发现此法治标不治本。我在野外放蜂近5年，偶然发现用0.6%柏松杀虫粉剂（微毒，有效成分：残杀威0.4%，氯菊脂0.2%。桂林市卫生品公司生产）。杀灭蚂蚁效果好，我连续使用了3年，证明对蜂群无害。

方法是均匀撒到贴蜂箱两侧和后侧地面上，这样就阻断了蚂蚁往蜂箱上爬的通道，然后顺箱与箱后侧直线连接，隔断蚂蚁前后爬行通道。再顺蚂蚁爬行路线找到蚁穴，把杀虫粉均匀撒在蚁穴上面。蚂蚁闻到或爬过杀虫粉，数分钟内就会死亡，数天后如有蚂蚁，再用一回药。

注意不要在箱内和巢门前用药。雨前，潮湿地面用药效果差。晴天用药效果更好药效长。因为环境有所不同，建议蜂友全场使用前先用两群试试。

（吉林安图县松江镇四合村养蜂协会，133602　李明波）

散蜂收集小经验

笔者从事临床蜂疗工作 20 余年，开始因养蜂技术不成熟，蜂疗中所使用的蜜蜂受到很大的限制，开始多采用收集散蜂介入蜂王的方法，随经历增多，也积累下不少实用的小经验，助我在养蜂及蜂疗事业获得成功。此法简便易操作，成功率高，初学养蜂者和搞蜂疗的朋友不防借鉴。

当春暖花开蜂农朋友准备追赶下一个蜜源转场时，提前向蜂友要一只老蜂王或王台，待蜂友转场时，先用巢脾收集散蜂于蜂箱内，次日或几日后将蜂王介入蜂箱内。操作方法是傍晚把一根大葱折成数段，放入盛有散蜂的箱内，吸香烟喷向蜂群，趁此时将蜂王介入群内或框梁上，封闭箱盖，次日或隔日检查介入情况，一般介入成功后，当日或隔日蜂王即可产卵。

也可在收费站、加油站等散蜂聚集多的地方收集散蜂。因散蜂多为工作蜂，所以箱内应蜂多脾少，防止蜂群群势下降过快，造成蜂少护不了脾的情况发生。此时组成蜂群不用担心粉蜜不足的问题。

（安徽宿州市砀山县玄庙镇王集村卫生室，235300　顾进才　顾亚博）

中蜂不宜进行箱外饲喂糖水

我在自家屋顶上养了十几箱中蜂，因周围无水源，想为蜜蜂营造一个饮水的地方。按照西蜂喂水的方法，在阴凉处放了个大脸盆，为了引诱蜜蜂找到水源，先在脸盆里喂两次糖水，然后喂水蜜蜂就能到这个地方采水了。

于是，就照这样办。第一天，我观察了一下，有少许蜂飞到盆边采糖水，到第二天多了起来，并且发现有一两对蜜蜂咬在一起，当时没在意。第三天，去乡下蜂场看意蜂，傍晚回家上楼顶观察，发现脸盆里全是死蜂，足足有半脸盆。所以，我认为也许是中蜂好斗，导致采集蜂在离蜂群较近处发生相互咬杀的情况，所以我认为中场地不宜在箱外喂糖水。

（湖南隆回县盐业街 62 号，422200　刘望贤）

蜂场栽葛藤　当年可成荫

每年夏秋季节，刘师傅都到我地西水南岸采荆条蜜。他放蜂的地方只有矮小的灌木，蜂群无法借助高大的乔木遮阴。于是，他找来废弃蔬菜大棚的骨架支起来，拉上遮阳网给蜂群遮阴。但是，遮阳网经日晒雨淋后，很易破碎，次年必须再换新的。另外，蜜蜂有向上飞的习性，棚内经常聚集许多蜜蜂撞击棚顶，找不到出路。一个蜂友给他出了个主意，让他在棚架四周栽上葛藤，藤蔓爬上棚架可给蜂群遮阳。刘师傅茅塞顿开。次年，他接受了这位蜂友的建议，结果收到了意想不到的效果。

2008年"雨水"刚过，刘师傅便挖来葛藤，每两个节栽为一段，沿棚架一周栽了20多株。栽种时地下埋入一个节，地上露出一个节。然后在棚架上纵横拉了几道铁丝，形成大眼网。清明节时，葛藤地下节长出不定根，地上节发了芽，长出嫩枝。然后，他将嫩枝引上棚架。由于土地肥沃，葛藤长得枝繁叶茂。到6月下旬，刘师傅入场采荆条时，整个棚架已爬满了葛藤，葛藤叶把棚架下遮盖得严严实实，比用遮阳网搭成的遮阳棚要好得多：一是葛叶上下重叠，蜜蜂有通路但不透光；二是葛藤是多年生藤本植物，不需年年栽。只要架子不倒，这个绿色遮阳棚就能存在。

（湖南吉首湘西自治州气象局，416000　邢汉卿）

水蒿草喂水法

夏季天气特别天气炎热，在野外放蜂用什么东西作蜂群喂水的漂浮物最好呢，经过尝试，我发现水蒿草是最佳选择。操作方法如下。

在地面挖长2米、宽0.5米、深0.1米的浅土坑。然后，在坑内铺一层厚塑料布，倒满清水，割些水蒿草放到水里。水蒿草叶子细长，高0.5米，雨水好时，可长到1米高，一般山区路边都有。这种作法的好处是，水蒿草漂在水面上不但不会干枯，还能生长，自然就不会淹死采水的蜜蜂。蜂友不妨一试。

（山西垣曲县长直乡古垛村，043700　李贵森）

也谈打胡蜂

消灭胡蜂有多种方法，蜂友和资料上都有详细介绍。诸如巢门放置幽闭器、捣毁胡蜂巢穴、毒杀等。但我个人认为，最可靠的方法还是人工扑打。

扑打工具的制作方法是用 6 号粗钢丝绕成苍蝇拍样子的框架，然后用细铁丝在框上织成密网，绑在竹把或木把上，就成了专门扑打胡蜂的拍子。打大胡蜂时，不可性急，要等它爬在蜂箱上或落地时，一个一个的消灭。胡蜂不怕人，不会轻易飞走。把打死的胡蜂放在箱盖上，大胡蜂会咬掉死胡蜂的头部带回去喂幼蜂，甚至用扑蝶网罩住它，它还会撕咬不放，最好消灭。当巢门前蜜蜂密集不好用拍子打时，另备长短合适的竹片或小木板，一只一只地打。对付其他野蜂，要等它定位盘旋或落在蜂场地面时，眼明手快，将其打翻在地，快速用脚踩死。笔者在夏秋季节，最多一天打到过上百只大胡蜂和几十只小胡蜂。

　　打胡蜂是个苦差事。在南方，每年从 5 月到 11 月下旬，每天早上 5 点到下午 7 点半，养蜂人都要守在蜂场。只有人工扑打这个办法最可靠，其他方法看似可行，但效果不佳，特别是捣毁胡蜂巢穴，谈何容易。毒杀、幽闭巢门，更是收效甚微。

（湖南隆回县盐业街 62 号，422000　刘望贤）

薄壁塑料桶运蜜损失大

　　辽宁铁岭县大甸子蜂农李师傅 2008 年去辽西义县采荆条。共收获荆条蜜 2 吨多。由于收购商压价太低，没在放蜂场地出售。雇车运回铁岭零售。谁知在运输途中出了问题，他用 2 ~ 2.5 千克的薄壁塑料桶装蜜，义县山区道路崎岖，坎坷不平，使装蜜的 20 多个大塑料桶被颠出裂口，致使 1 吨多蜂蜜白白流失到路上，损失万余元养蜂收入。这个教训使李师傅痛心疾首，后悔当初没买厚壁塑料桶。不少养蜂人也有此经历，运输蜂蜜造成桶破淌蜜的情况时有发生。为了使避免蜂友因桶破造成损失，应提倡用厚壁蜂蜜专用桶运蜜。厚壁专用蜜桶应制成方形以抗压抗震，设双层盖，装蜜 3 ~ 4 千克为宜。

（辽宁铁岭市南马路为民巷 3 号楼 201，112000　孙哲贤）

安全诱王法

　　诱王的方法有很多种，如利用空继箱诱王法直接诱王法，偷梁换柱诱王法，巢门诱王法，直接插入法等。不论采用什么方法，能一次成功，蜂王不受伤害就是好的诱王法。

我用带脾混合气味直接插入法诱王，成功率极高，蜂王不受限制，可正常产卵。操作方法如下。

提出老王立即诱入新王。不用间隔一段时间，不用扣王。先在箱内一侧靠箱壁提出4脾蜂，放入空继箱内。用灭螨消毒液驱下箱壁上的蜂，此时可将交尾群的新王连脾带王靠箱壁放入，用报纸隔开，再用灭螨消毒液对全箱蜂路喷雾，喷完盖好覆布和大盖。

灭螨消毒液配方：

硫黄900克、生石灰800克、清水9 000克，先将清水入锅，煮沸后，加入硫黄和生石灰，边放边搅拌，让锅内保持沸腾。半小时后，锅内溶液呈红褐色停火，冷却后过滤渣子保存药液。

新王产卵封盖后才能诱入大群，诱王5天后，清除箱底碎纸。将靠在箱壁的子脾调到中间。

（河南南阳市卧龙区英庄镇孙集村东岗蜂场，473135　宋廷洲）

生石灰防潮法

新摇的蜂蜜含有不同程度的水分，浓度低的蜜水分多。经过一段时间储藏，蜂蜜容易变酸。即便是浓度较高的蜂蜜，一到雨季空气中湿度加大，蜂蜜会从空气中吸入水分。为了避免蜂蜜变质，我在蜜缸口盖上加一袋生石灰防潮，当缸里装有低浓度蜜时，蜜里的水分会被盖口的生石灰吸入。当缸内装浓度高的蜂蜜时，遇春季潮湿空气，生石灰可阻隔潮气，从而保持蜂蜜不受影响。方法是在装有蜂蜜的缸盖上盖一层透气的布并扎紧缸口，上面再放一张透气性好的纸。然后用布袋装一小袋生石灰压盖在缸口上。这样就能很好地保存蜂蜜了。

（湖南耒阳市金杯路铁五局院内8楼502康健蜂场，421800　徐传球）

介绍一种压蜂箱防雨物

多雨季节养蜂者常要为蜂箱盖防雨物，在压蜂箱防雨时，我见到很多养蜂者都用一些砖头石块等作为压箱物，这些东西使用起来很不方便，又易损坏防雨物。我的办法是找一些旧食品袋，两三个套在一起，装入一些半湿不干的土，捆紧打结口上留个把，用来压蜂箱盖，使用起来很方便，又不易损坏防雨物。

（河南获嘉县徐营镇东王高楼村一组，453800　卞会新）

蜂群干糖补喂法

蜜蜂饲养过程中，每年都要经过盛花期和缺蜜期。缺蜜时都要进行饲喂。补给饲料的方法有补蜜脾、白糖水等方法。前两种方法易引起盗蜂。经过几年的实践，我采取在缺蜜期用干白糖喂蜂的办法。方法是在饲喂器内装满白砂糖，箱内严重缺蜜时一大槽糖 4 天就能吃完。外界有少量蜜源时箱内白糖消耗就少，外界蜜粉源充足时蜜蜂不采食白糖。这种方法也适用于交尾群和中小群及新分群。只要槽内及时补给白糖蜂群就不会挨饿，而且发展很快，也不会招来盗蜂。春夏秋都适用。蜂友不妨一试。

（河南许昌市勘测设计研究院，461000　王爱群）

蜂王去翅法

在大流蜜季节，蜂群急剧增长，如果检查不及时，就会不断出现分蜂。分蜂群飞到高处又不易收回，就不如将蜂王去翅，省去收蜂的麻烦。一种方法是剪刀去翅，右手提脾，左手摄住蜂王一侧大翅，右手取剪刀剪去 1/3 大翅。留下一大翅两小翅。分蜂时，蜂王就飞不高了，不影响蜂王产卵。

一种方法是点燃一根香，一手提脾一手拿香，吹一下蜂王，待蜂王振翅时，用香烧去蜂王部分大翅，此法要小心使用，避免烧伤蜂王。

（河北唐县北店头乡峒小龙村，072350　葛维民）

巧晾玉米花粉

晾晒玉米花粉对养蜂者来说是最令人头痛的事。因为，玉米花期正值暑期，也正是我地湿度较大的时期。晒玉米花粉时倘若稍微一动，花粉粒就会碎成花粉面，并且很难在短时间内将其晾干。经过试验，我在晾晒时用窗纱、木条钉成几个长方形花粉筛，晾晒效果不错，可供大家参考。

首先，倒新脱下来的玉米粉时，用棍棒轻敲接粉盒，让花粉轻轻滚落到花粉筛上。待玉米花粉全部集中后，可用小木条或硬纸板等物轻轻摊匀，使其厚度一致。待花粉六成干时才可以翻动，然后继续晒到干透。最后轻摇粉筛，将细粉漏下（网下先衬好纸），上边均匀的花粉粒装袋或装瓶出售。细粉可用来喂蜂。如保存时间长要用硫磺熏一下，以免虫蛀。

（河南禹州市花石下庄村，461691　下启昌）

不宜用蚊香、烟驱蜂

曾有人介绍用蚊香驱蜂，驱蜂效果虽然不错，但蚊香中主要成分是除虫菊脂，对昆虫有毒杀作用，也能造成蜜蜂不同程度的中毒。有一位蜂友检查蜂群时，用蚊香驱蜂，不慎将蚊香落入箱底。瞬间，蜂群秩序大乱，蜜蜂纷纷由巢门涌出，连蜂王都随工蜂逃出蜂箱。可见蚊香在起到驱蜂效果的同时，也对蜜蜂造成了伤害。另外，手拿蚊香又不能马上洗手，在接触巢脾、浆框等蜂具时，也可能对蜂产品造成污染，因此，用蚊香驱蜂的方法不可取。

有的养蜂者习惯叼着香烟检查蜂群，用香烟喷蜂不好的习惯。香烟中含尼古丁、焦油等物质，有可能污染蜂产品。烟灰落入蜂箱中，也可能会污染蜂产品。检查蜂群或进行蜂场操作需驱蜂时，可用艾蒿绳、香蒲棒、普通佛香驱蜂，对蜜蜂和产品都安全。

（辽宁铁岭市蜂业研究会，112000　孙立广）

清除蜡屑二法

隔王板上常会被蜜蜂涂上蜂蜡，越是强群蜜源越好时涂得越多。若不及时清除，就堵塞了蜜蜂上下的通道，一旦到了大流蜜期，蜜蜂不能顺利通过，会影响蜂蜜产量。还有取浆的蜡碗内也常被涂上蜡。若不清除无法移虫。下面我向大家介绍二种简单的蜂蜡清除方法。

把隔王板上大块蜂蜡用起刮刀刮去。起刮刀不易刮掉竹丝缝里的蜂蜡，取少量材草点燃，用火烤隔王板两面。待蜡熔化，立即用破布或报纸快速擦拉，可将蜂蜡去得非常干净。火烤还能杀灭隔王板上的病菌。但注意塑料隔王板不能用此法。

把我们常用的 U 形钥匙挂平均截为三段，可做成 3 个清理王台碗的小铲子。把截好的钢片一头用锤子砸成薄片状作铲头。把铲头用钢锉锉成瓜子形。顶部和两边磨出刃。铲刃必须靠蜡碗内壁。铲子柄用 4 厘米长直径与铲相同宽度的木棒做，一头锯开小缝，把铲片夹在里面，用细铁丝扎紧。使用时，把铲子插入浆碗内来回捻动几下蜡屑就清除干净了。

（山东菏泽市牡丹区王浩屯镇孙化屯蜂场，274013　杨华）

挂蚊帐摇蜜防盗

大蜜源过后摇蜜时，会有大量蜜蜂飞进蜜机被淹死，既影响操作又损失蜜蜂，死蜂还会堵塞过滤器。摇蜜机离蜂箱越近这种现象越严重。但离得太远运脾太累。挂蚊帐摇蜜完全可以解决这一问题。

挂一顶特大号蚊帐，将摇蜜机、蜜桶以及洗刀洗手的水盆等罩在里面。蚊帐下沿用石头等压住，蚊帐的门从上至下缝死 2/3，留一小段传脾用，随传随合拢。操作时一人在帐内割盖摇蜜，一人在外抖蜂传脾。传脾时会有少量蜜蜂带入帐内，但进入的蜜蜂急于寻找出路，不会飞进摇蜜机抢蜜，全部集中在蚊帐的四角。四角缝有拉链，当进入的蜜蜂集到一定数量时把拉链拉开将蜜蜂放走。

（湖南吉首自治州气象局，416100　邢汉卿）

控制分蜂热的一点体会

自然分蜂在蜂群饲养中是一种自然现象，在分蜂季节时有发生。虽然控制的方法有多种，但是都要具备一定的前提条件。有些需要人工分群，有些需要扩大产卵空间，还有一些靠调换虫脾增加工蜂的工作负担。增加哺育力才能得到良好的控制。

本人饲养了一百多群蜂，几年来，为了搞好实验将一部分蜂群从春繁平定群势之后就开始单群繁殖，不与其他蜂群相互调换子脾、饲料。在全年的饲养管理过程中，这部分蜂群很少发生分蜂现象。我采取的方法是自这些蜂群从叠加第一继箱后就开始生产王浆，一直到 8 月中下旬，群势再强也很少出现分蜂现象。

我体会到此法有以下好处：控制了分蜂情绪又增加了王浆产量，同时还能及时地观察到蜂王的情况,在取浆过程中一旦发现哪群浆量突然增加(外界蜜粉源正常的情况下),或在检查蜂群时发现较多的王台,此时就表明该群蜂王出现质量问题,及时查看是否失王,观测蜂王的产卵情况、查看卵虫脾,明确之后及时更换蜂王。

(吉林省养蜂科学研究所,132108　王新明)

利用巢虫清理塑料蜡碗

巢脾放在空箱内如果不加保护,过些时候就布满巢虫茧丝,巢脾被巢虫咬得千疮百孔,给养蜂生产带来损失,也是养蜂者很恼火的事。但是,换一个角度想,可以利用这种特性来为我们服务。

如果生产王浆的塑料蜡碗使用时间长了,里面的蜂蜡和干涸的王浆很难清理,也须花费很多精力,有时常常把蜡碗刮破。我利用巢虫爱吃蜡的特性清理蜡碗,取得了多快好省的效果。

方法是先把蜡碗收集起来,用塑料袋子包起来,过些时候,巢虫开始繁殖,把蜡碗内的蜂蜡和杂物吃光后,只要用清水一冲,蜡碗就干干净净,不用再多费力。

(湖南耒阳市金杯路铁五局院内 8 栋 502 康健蜂场,421800　徐传球)

蜂箱垫高好处多

蜂箱高垫是从有一年蚁害十分严重受到的启示,虽然采取了很多办法,蚂蚁还是防不胜防,只要有蜂箱落地,箱底下面会筑起蚁穴,尤其是新分小群,只好埋上四脚柱,搭上横木将蜂箱抬高一米之多,还有两箱放置在树叉上面,这一措施既防止了蚁害,交尾群成功率高于往年。由此,笔者每年都将蜂箱最低垫起一块砖以上的高度,坚持至今,收到很好的效果。总结起来,有以下几点好处。

(1)防潮防腐蚀,通风干燥防水,延长蜂箱使用寿命。防止蚂蚁、蟾蜍或其他虫害,危害蜂群。

(2)垫高(加继箱后)不超过 1.5 米,操作方便省力。提高交尾群成功率。

(3)可起到淘汰老弱病残蜂作用,防止这些病残蜂再爬入箱内。增加空间便于清扫。

（吉林省大安市江城东路88号，131300　王长春）

快速安全介绍蜂王小窍门

利用新王外激素迅速传递给蜂群的原理，可以达到使蜂群迅速接受新王的目的，实现安全快速更换蜂王，具体方法如下。

将新王放入一杯稀蜜水中，让蜂王在蜜水中挣扎，放出外激素，约2分钟后，将新王捞起，放在王笼中，这时新王已疲倦。

打开准备换王的蜂箱，取走老王，将浸泡过新王的蜜水倒在框梁及蜜蜂身上，吸引蜜蜂前来吸食蜜水，互相舔食身上的蜜水，新王的外激素会立刻在全群传递开。

再过10分钟，便可将新王放在巢门踏板上，让新王自己爬入巢内，工蜂会替新王舔净身上的蜜水，此时新王仍很疲劳，无暇在巢脾上巡视，也不会显露紧张状态，工蜂便不会围王，换王即告成功。

（江苏滨海市玉龙路272号甘源养蜂场，224500　张　洁　丰　雪）

凉水化糖省工省时

以往化糖饲喂蜂群时，通常是按比例配好糖水，用铁锅熬化，放凉后喂蜂。这种用锅熬糖水的方法有诸多不便，在秋季补喂越冬饲料时，一个上百箱蜂的蜂场，三五天内要喂上吨糖，仅靠一口锅熬糖实在费工费时，有时弄不好还会糊锅。况且，糖浆中会含有铁锈，对蜜蜂安全越冬不利。

近几年，很多蜂友用凉水化糖效果很好，相比用锅化糖有不易引起盗蜂等优点。

方法是用大缸或蜜桶作容器，按不同时期的糖水比例，将糖和水放入，用大木棒搅动。每隔3小时搅一次，要求把沉在缸底的糖搅起来。如在奖励饲养阶段，糖水各半或一份糖两份水时，因为浓度低，早晨化糖傍晚即可喂蜂。早春补喂和秋季补喂越冬饲料时，两份糖一份水，浓度较高，需两天时间蔗糖就能完全溶化，糖浆清澈见底即可喂蜂。可以说此法省工省时又方便。

（黑龙江宝清县宝清镇东文巷 9 号，155600　冯会举）

治巢虫小经验

中蜂最易受巢虫危害，严重时蜂群弃巢而逃。经多年观察，我发现有蜡屑的蜂箱底部经常有巢虫和巢虫结茧化蛹。因此，就尝试把方形的矿泉水塑料瓶剪掉一面做成简易饲喂器，放在蜂箱内，有意识地在漂浮物中加入些旧巢脾，吸引蜡蛾产卵。效果果然不错，这种饲喂方法蜜蜂采食方便、快捷，还能定时从饲喂器底和更换的漂浮物中消灭大量巢虫及蟑螂等。

如保持蜂多于脾且蜜足的话，巢虫就很少上脾危害。有极个别被巢虫为害严重的巢脾，我处理的方法是把老脾直接化蜡，新脾片去半层巢脾，用水冲去死蛹，上摇蜜机甩干水分，太阳下翻晒几分钟，敲掉爬出的巢虫，放入强群让工蜂清理再用。这样处理巢虫，生产出的蜂产品不受污染。

（湖南安化梅城落霞湾养蜂场，413522　谌定安）

荞麦蜜喂蜂易起盗

2006 年我场在内蒙古采回 10 多桶荞麦蜜，由于荞麦蜜气味重，不适口，市场上无人问津。蜂蜜收购商又压等压价，每千克仅 4 元钱，比糖还贱，只好先存在仓库里。

2007 年春繁，由于糖价上涨，没买糖喂蜂而用荞麦蜜进行奖饲，结果引起全场发生盗蜂。因为荞麦蜜味浓烈，饲喂后蜂场空气中飘溢着荞麦蜜味，对蜜蜂有强烈刺激，引诱蜜蜂找寻气味来源而引起盗蜂。每群都成为起盗群，又是被盗群，全场秩序大乱。养蜂者手足无措，采用各种办法止盗，如用树枝蒿草遮挡巢门，蜂场上空喷雾，巢门放置汽油棉球，互换位置等都无济于事。最后将蜂群由前院搬至后院，位置大变动，并将蜂箱中饲喂的荞麦蜜全部取出，饲喂器洗刷干净，改喂白糖，第 2 天下了一场雨，气温降低，才止住盗蜂。但已被盗垮 30 群。因此，荞麦蜜不适于喂蜂，无论是奖饲还是补饲。蜂场应在平时提前备出贮备白糖，尽量少用蜂蜜，特别是不宜用荞麦蜜，以免引起盗蜂。

（辽宁铁岭市蜂业研究会，112000　孙　烨）

热天巢门应向北开

蜂箱巢门朝南向阳背风气温高，早春有利蜂群繁殖，能增加巢温，越冬安全省饲料死亡率低。

夏季气温高，正午蜂箱向阳面的温度可达 50～60℃ 以上，箱盖热得烫手，放在箱盖上的蜂蜡及赘脾都很快被熔化。这时就会有大量工蜂在巢内外扇风以降低巢温，因此，工蜂消耗大量的体力和饲料，蜂王产卵下量下降。

在夏季，骄阳似火天气酷热，此时把蜂箱巢门朝北就不受太阳直射了。也就轻易地解决了以上的问题，巢门向北，蜂箱后面用 2 米宽的遮阳网折成双层把箱盖都盖上。这样蜂巢内不会太热，蜂群工作正常，蜂王积极产卵。另外，每个蜂箱应备有草帘，可别小看草帘，它有冬暖夏凉的功效。

（辽宁辽阳县柳壕镇西腰村，111215　李治高）

防治胡蜂小窍门

山区的蜂场常常受胡蜂危害，特别是大胡蜂。大胡蜂飞到蜂场轻而易举将蜜蜂捉住，有时数十只胡蜂几十分钟就可咬死几百只蜜蜂，甚至进入蜂箱将全群蜜蜂杀死。胡蜂是肉食性昆虫，以昆虫为食。主要捕食有害昆虫，也捕食蜜蜂。从环保的角度看，胡蜂是农业上的有益昆虫，不宜毁巢毒杀。所以最好还是在大胡蜂多发季节，人工在蜂场捕打大胡蜂。笔者发现，入侵蜂场的胡蜂是有规律的。清晨飞到蜂场来的少量几只胡蜂是侦察蜂，如果将侦察蜂成功消灭，当天来犯的胡蜂就少。如有几只侦察蜂飞回去，第二批或整天来犯的胡蜂就多，甚至专门用一人捕打都感到累。为此，早晨巡视蜂场捕打胡蜂很重要，可减轻整天捕打胡蜂的工作量。

胡蜂不怕人，捕打容易。制一个薄木板拍子，木板宽 16 厘米，厚 2 ~ 3 厘米，长 40 厘米。拍打飞行中或落地的胡蜂。用苍蝇拍打胡蜂不行，苍蝇拍拍体小，拍打不住胡蜂，还易激怒胡蜂蜇人。也可用纱布做一个捕虫网，绑在竹竿上，捕飞得高的胡蜂。

饲喂器用完要及时取出

无论是奖饲还是补饲，多数都采用巢框式饲喂器进行饲喂。但有相当一部分养蜂人为了省事，用完后不取出饲喂器，这是一个很普遍的现象。将饲喂器长期放在蜂箱里。蜜蜂就会在饲喂器下面修造赘脾。尤其是长时间不检查蜂群，赘脾越修越大，甚至贮蜜其中。蜂王也有可能在赘脾中产卵，这样会给养蜂者带来更大的麻烦，也浪费了大量蜜蜂劳动力。为此，饲喂器在喂完蜂后要及时取出，以免蜜蜂修造赘脾。

（辽宁铁岭市中医院，112000　孙立广）

红花油可消蜂蜇痒痛

养蜂者或多或少都免不了挨蜜蜂蜇刺。就是老养蜂者，手上被蜜蜂蜇刺后，也难免疼痛。有一次被蜂蜇后，我在患处涂了点正红花油，揉搓几下，只几秒钟时间，疼痛大减，蜂蜇处只红不肿；患处没出现痒痛。之后，遇有蜂蜇就同法治之。多次试验，效果都很好。请君试之，如有同效，祝君乐之。

（河南禹州市花石乡下庄村，116691　卞启昌）

中蜂防盗一法

蜂场里蜂群多了就难免会发生盗蜂，养蜂书籍中谈到用柴油布悬于巢门口止盗效果好，但对中蜂试验后发现毫无用处。万般无奈，我想到市售的清凉油，因为可用于人体，可断定无毒，对蜜蜂不会产生多大伤害。于是把清凉油涂于巢门四周，只见盗蜂四散而去。因为气味很浓烈，本群出入时不得不快入快出。只要蜂群蜂脾相称，适当缩小巢门，连用两天就再难看到盗蜂的踪迹。此法屡试不爽，效果神奇。

（湖南宜章县西塘下岭，424200　周华元）

蜜蜂有咬啮的习性

今春发现有两群蜂巢门前有白色粉末，积在巢外影响蜜蜂出入，开箱查看，原来是蜂群内的塑料泡沫板保温没有及时取出，蜜蜂将保温板啮出碗口大的窟窿，这是因为蜜蜂本来就有咬啮的习性。

蜜蜂为了扩展蜂巢空间会对边脾以外的障碍物进行咬啮。养蜂人如果不及时取出蜂箱内的保温物，就会浪费大量蜜蜂劳动力。泡沫板放在边脾外保温效果很好，但无法避免蜜蜂咬啮。有经验的商庆昌师傅给我介绍了一种简易方法：用塑料薄膜将泡沫板或纸箱板包上，即可防止蜜蜂咬啮。

（辽宁铁岭市中医院，112000　孙立广）

检查蜂群如何防蜂蜇

检查蜂群时，脸上的汗味，黑色的头发，毛绒衣物最易使守卫蜂发怒，因而最好穿浅色衣服。检查时间应在白天风和日暖时进行。白天蜂群投入采集工作放松了安全保卫。应避免在早上和傍晚检查蜂群，此时蜂群防卫力量最强。避免在阴雨天低温天外界蜜粉源缺乏期检查蜂群，因为这时蜜蜂时刻处于戒备状态，极易蜇人。有时出现盗蜂或失王，蜂群也易发怒，应注意及时调整。

遇到极凶猛的蜂群开箱一定要轻，先吸口烟，慢慢向蜂箱里喷出，蜜蜂受烟熏后，就会躲避，稍稍平定即可检查蜂群，也可备清水喷雾。

受围王不宜留用

在生产实践中发现，因各种原因被围过的蜂王往往在后来的生产中表现不理想，特别是在缺蜜季节交尾回巢被围的蜂王。这样的蜂王被解围后，产卵也可能不理想。这种王产卵不整齐，好产雄蜂卵。蜂王产卵时常常把卵带出巢房，不要看蜂王个子大就舍不得，要果断除去，这是我多年的实践经验。

（湖南耒阳市灶市综合市场北栋12号，徐传球）

透明胶带固定纱盖法

在转地给蜂群打包时，多数蜂友习惯在纱盖上钉钉子来固定纱盖。这个方法有三个缺点：一是蜂群怕震动，一钉钉子蜂就爱螫人；二是蜂群不安定就会多吃蜜；三是时间长了蜂箱口被钉得千疮百孔，缩短了蜂箱使用年限。

因此，笔者试用透明胶带固定纱盖，取得了很好的效果。一个蜂箱一次费用不到一角钱，既快又不震动蜂箱。方法是沿纱盖边粘一圈即可，非常牢固。此法我已试用多年。另外，有些蜂箱出现能钻出蜂的缝隙，用透明胶带一粘就行。蜂箱大盖有缝也可粘上透明胶带防止漏水。

（山东寿光市侯镇马家村，262724　马成文）

架高蜂箱防敌害

夏秋季每天晚上蜂箱前后围满食蜂的小动物，如果用砖头石块垫高，还是有部分天敌能吃到蜜蜂。用木棍和竹子架高经常受白蚁蛀咬。我养蜂50箱，每年只转一次冬场，其余时间都定地饲养，不用搬动。采用的方法是做一个角铁架架起蜂箱，角铁架长2.5米，可放置5个平箱。也可再加长，以后根本就不用担心较小动物偷食蜜蜂的问题。即使架下出现少量蜜蜂，也多数是病残蜂。

制作方法是用角铁焊一个长方形，长2.5米，宽0.55米，隔1米加一横条来分担蜂箱重量，脚高0.3米。2.5米长的铁架分三段有6只脚。这种铁架价格不高又耐用。冬季不用时搬开叠起，节省场地。也可在四角焊上小段铁管，来架起遮阳网。我地经常有台风，可用木棍压在箱盖上，用铁丝扎紧两头，箱体箱盖与铁架连在一起，一般较大的风都吹不飞蜂箱。如遇强台风，上面再压上石块。

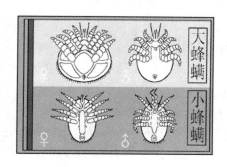

（广东惠来县溪西镇双祥村，515235　张汉生）

脾交尾小核群

众所周知，大群交尾慢，小群交尾快，因为处女王出房后，在庞大的蜂巢内，蜂王遍寻每个角落，以保无后顾之忧，才出巢试飞、交尾。这样消耗了大量的时间和体力，因此，交尾非常缓慢。针对这一情况，我采用了无脾交尾法，先把成熟王台黏到空框下，抖上1脾蜂，老蜂返回后剩半脾幼蜂就足够了。框下用小料盒放些糖粉以备蜂群食用，使其不会挨饿，也不会被盗，我用此法多年，成功率极高。在天气情况许可的情况下，处女王出房后10天内必定交尾成功。交尾成功后，巢框下工蜂开始筑造白色小巢脾，蜂王很快产卵。蜂王产卵后介入大群，交尾群再放入成熟王台。依此循环下去。此法快捷、方便、安全（不起盗）成功率高。拿走蜂王后时间再长，工蜂不会产卵。此法有力地保护了处女王的体质，在外界气温低时，处女王可以很方便地进入蜂团内，使处女王始终保持非常健壮的体质。

（山东莘县徐庄乡东孙庄鲁西养蜂协会，252424　孙乐安）

早春露天喂粉繁蜂效果好

南阳地区一个4框群约12 000只蜂，从元月20到2月20日榆树有粉，需配代用粉3千克，其中玉米40%、暑干30%、黄豆20%、面粉8%另加奶粉200克，干酵母2包，多维素20粒。方法是将黄豆炒熟，与玉米、暑干、酵母、多维片及奶粉用粉碎机粉成细面混匀，配好的花粉代用品放入喂粉箱内（用一个巢箱即可），先在箱底铺一层塑料膜，倒入花粉代用品，用喷雾器喷少许蜜水防止刮风吹走。取2张蜜脾放在喂粉箱内，将蜜蜂招引来后，即将蜜脾拿走，蜜蜂自然会去采粉。每隔1~2小时将箱内代用花粉翻动一次。2~3天后，将工蜂采集后剩下的花粉代用品倒出，再倒入花粉代用品，供蜜蜂采集。

喂粉时要注意，不能间断喂粉，位置要固定。早晨8时放喂粉箱，傍晚6时收回。

（河南南阳市卧龙区英庄镇孙集村东岗蜂场，473135　宋廷洲）

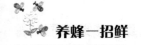

箱内擒鼠

市面上买不到"粘鼠板"时可以自制，方法是找一块长约55厘米，宽约15厘米的厚纸板，再找些防毒用的软胶手套，将手套用火点燃，让融化的液体像点燃的蜡液一样滴满约1/2的纸板上，然后迅速熄灭明火，冷却后就可以使用了。当确定越冬室内某一箱蜂进住老鼠时，就从巢门向箱内没有巢脾的一侧伸进粘鼠板，很快就能将箱内活动的老鼠粘住。

白菜妙用

建议没有干湿计的蜂友可在越冬室地面上分别放几棵白菜。几天后白菜叶面新鲜如旧，说明室内湿气太重，如果白菜的叶面很快就是枯干，同时还有零星蜜蜂飞出箱外，表明室内空气过于干燥，应该挂湿麻布增潮，必要时可向地面洒些热水缓急。

（黑龙江林甸县黎明乡志合村蜂场，166343　赵　静）

中空巢脾是中蜂春繁的关键措施

我地大寒以后中蜂开始早春繁蜂。土法饲养的蜂群在气温达到10℃以上的晴天迅速打开蜂桶盖，快速用烟把蜂驱向巢脾的一边，用快刀将巢脾大部分割下，只留脾基。如果是活框饲养，则在气温10℃的晴天开箱，迅速逐脾把蜂抖下，加入事先准备好的2～3个上好了巢础的巢框。这两种方法进行中蜂春繁都需在当晚用1∶1的糖水进行饲喂，促其快速造新脾。中蜂蜂王爱在新脾上产卵，这样做正符合中蜂生物学特性，可促进蜂群发展，又可减少巢虫危害。

我地不少蜂友常发生早春中蜂飞逃现象，就是因为中蜂在早春繁殖时习惯将老脾咬掉，形成中空脾，利用新脾开繁，而有些蜂群群势弱，没有能力咬去老脾，不能很好地繁蜂，导致蜂群飞逃。

上述方法就是人为造成中蜂中空巢脾，正符合其生物学特性，望蜂友一试。

（河南西峡县职专，474500　陈学刚）

中蜂巢础合理利用

中蜂造脾的特点是先造中间逐渐从上至下，当距下梁约1/3和距两侧梁各5厘米处止，即造成一个扁圆形。蜜蜂便在这上面结成一个球体。当蜂群增长时才将巢脾扩大。所以，我们可将一张巢础切成两块梯形或切成三块，即两块梯形，一块三角形。加巢础时可根据蜂群具体情况或多或少，或大或小，灵活掌握。如果在小群里加入整张巢础，有时会不利于蜂群发展。

（四川宣汉县柏树镇新街178号，636162 胡家盛）

艾蒿火绳在蜂群管理中的用途

农村都习惯在夏天把野生的艾蒿采割回家搓成艾蒿绳，利用蚊蝇怕艾蒿的特点，驱赶蚊蝇。笔者把它用在蜂群管理上，效果很好。点燃一根火绳，放在要处理的蜂箱内空处几分钟，就可以进行蜂群合并或补蜂及介绍蜂王等蜂群管理工作。关键是蜂箱内一定要充满烟味，烟量宁多勿少。

在早晨摇蜜提脾时，因温度低，蜜蜂爱螫人，点燃火绳放在上风头，再脱蜂可免受蜂螫之苦。

发生盗蜂时，在被盗群的巢门附近放上点燃的火绳，盗蜂因怕烟不敢近前，本群蜂可正常进出。

要采割艾蒿叶多的部分，搓绳要松，不能太紧，艾蒿绳搓好后放在室外吃好露水，晾干容易点燃，烟大不起火，晾晒时防止雨淋。

（黑龙江拜泉县爱农乡新士村，164725 王汉生）

清理台碗小窍门

在采浆过程中，台碗内往往粘附着很多蜂蜡，很不好清理。无意中发现厚2毫米长约10厘米的冰糕棒两头光圆，插入台碗内刮蜡不大不小正合适。清理台碗有两种方法，一是将冰糕棒直插台碗内，左右旋转即可；一是右手握住冰糕棒插入台碗内，先压刮台碗左边，再调转浆框继续压刮清理。蜂友不妨试一试。

（河南洛阳市伊川县吕店乡中心小学，471313 高永奎）

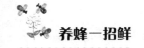

洗衣粉治蚂蚁有效

　　小小的蚂蚁对蜜蜂的危害虽然不太大，但也干扰蜜蜂的正常活动。怎样才能更有效地在蜂场中防治蚂蚁，我偶然发现洗衣粉治蚂蚁很有效，并且不伤害蜜蜂。蜂友的蜂场如果蜂场有蚂蚁不妨一试：

　　方法一：在 1 000 毫升水中加入 3 匙洗衣粉，充分溶解后，用喷雾器喷到地上蚂蚁的身上，蚂蚁会很快死亡。喷在地上的余液干后，可阻断蚂蚁往来。

　　方法二：把洗衣粉均匀地撒在蜂箱底下和四周，可阻止蚂蚁爬向蜂箱。保证蜂群不受蚂蚁的侵扰。

（山东招远市蚕庄镇柳杭村，265402　刘华兴）

如何测量蜂场温湿度

　　关于这个问题，我看到一些养蜂书籍上介绍，把温度计挂在南墙阴凉处，也有的蜂友把温度计挂在蜂场的树干上或其他类似的地方。有一次，我在一个蜂友家看到他的蜂飞得很热闹，就问他当时气温有多少度。他从南墙取来温度计一看才 15℃，按理 15℃时，蜂群不应飞得那么热闹，当天气预报最高气温 20℃，我把温度计放在放蜂群处，阳光直射，一会儿就上到31℃。看来，把温度计挂在南墙和让阳光直晒温度计都不妥当，不能准确指导蜂群管理。我的做法是把温度湿度计挂在自制的百叶箱中或是破旧蜂箱中。这样才能测到我们想了解的实际数值。

（河北赞皇县北羊角村北口，051230　赵二孟）

用拍蚊板打胡蜂效果好

　　拍蚊板上有很高的静电，蚊子一碰即死亡。是一种灭蚊好工具。秋天来了，蜂场里的胡蜂开始活跃起来，在箱边危害蜂群。我试用拍蚊板打胡蜂一触胡蜂即死，使用起来效果相当好。建议大家试一试，拍蚊板一般 15 元一个。

（湖南耒阳市灶市综合市场北栋 12 号康健蜂场，421800　徐传球）

冰镇可止蜂蜇引起的疼痛和红肿

蜜蜂蜇人是难免的，首先是养蜂人经常挨蜇；接受蜂疗的人自愿受蜇；行人、小孩被蜂蜇的情况也有发生。被蜇后首先是引起疼痛，尤其儿童被蜇，哭叫不止。常规止痛法是涂淡氨水，但氨水止痛效果不理想，临时又无处去找。一种简易办法可止痛止痒消肿非常灵验，特别是疼痛立止，不用花钱。办法是将鸡蛋大小的冰块装在不漏水的小塑料袋中，敷于被蜇处，一般可冷敷 10～20 分钟。被蜇处疼痛过后引起的奇痒和红肿用冰块冷敷效果也好。

（辽宁昌图县老城镇窑沟村蜂场，112000　许　生）

继箱开巢门进蜜快

蜜蜂在采完蜜拖着装满蜜的肚子向上爬，钻过隔王板很费力。因此，我把继箱开一个巢门，让蜜蜂在流蜜期走上巢门，蜜蜂不用钻隔王板，减轻采集蜂劳动强度，蜂群里进蜜也就快了。操作方法是把继箱前脸下口锯一个 1.5 厘米长 2 厘米高的巢门，把锯下的木块钉在原处作巢门。在木块上方钉一弯钉子管住木块。开巢门时将弯钉往上一转就行。在巢门下钉一个木踏板，便于采集蜂降落。蜜蜂在负重时也知道尽量省劲，这样改进后，上下两个巢门，大多数采集蜂就走上巢门，不从下巢门上继箱了。

转地放蜂的蜂场到目的地后先开上巢门，然后再开下巢门。这样蜜蜂就习惯走上巢门，进蜜快。有兴趣的蜂友您也试试。

（北京房山区河北镇三十亩地村，102417　王奎月）

巧洗粘手蜂胶

天热取蜜或检查蜂群时蜂胶粘在手上是不可避免的。因为蜂胶不溶于水，所以很难洗刷掉。笔者偶得一法，除去手上粘胶很方便。手上粘有蜂胶，不要用肥皂洗，也不要沾水，而是用洗衣粉在手上反复干搓，一搓就掉。然后再用清水洗，手上的蜂胶会很快洗净。

（河南宜阳县高村乡温村 1 组，471642　乔文宣）

养蜂经验三则

绿豆糕代用蜂花粉：开荒与除草剂的使用使家乡的辅助蜜源越来越稀少，5月下旬至7月上旬几乎无花粉。笔者购来绿豆糕用蜂蜜浸透，整块放在框梁上饲喂蜂群，效果很好，蜂群内子脾整齐幼虫健康。如果混有花粉，效果更理想。

鲜牛粪修补蜂箱：当年同蜂友一起追花夺蜜时，由于蜂箱陈旧，破烂不堪，跑蜂严重，于是我们设法捡了些鲜牛粪，加上少许粘土用铲子和匀，涂抹在蜂箱裂缝处。干后结实轻便，有条件的在外面刷上点桐油更好。

牛粪树条箱：昔年牧蜂到西北，曾同当地饲养中蜂的朋友按标准箱的尺寸，用树条编制一个长方形的筐。里外用鲜牛粪和黏土涂抹平整，晒干后将土洞里的中蜂群移过来，用活框饲养，使用时轻搬轻放，不亚于木板箱。

（黑龙江林甸县黎明乡志合村蜂场，166343　赵　静）

蜂场定点喂盐水法

不论定地或转地养蜂，在蜂场内定点喂盐是很重要的工作。有的蜂友认为蜜蜂无需喂盐，有的蜂友认为在蜂箱内喂水时加点盐即可。我对此持不同看法。我认为蜜蜂只要在育儿期，既需要水又需要盐，两者缺一不可。在利于蜜蜂飞行的气温下，蜜蜂会分别采集淡水和盐。

我的喂盐方法是：用旧巢脾作盛盐水器具，用多年的老脾直接灌盐水，盐水浓度为1%左右。在蜂场四周离蜂箱2米的地方各放一个盛盐水脾。春冬放在避风向阳处；夏秋放在阴冷处。若蜂场附近有渗水沙壤可间隔几天直接撒少许盐。只要坚持投放，就会给蜂群养成定点采盐的习惯。

（湖北团风县马曹庙镇马曹庙村，438822　徐子成）

蜂蜜水可治晕车

出差乘坐长途汽车，汽车没走多远，一位中年妇女就开始晕车，一直呕吐，我看她吐得非常难受，想起蜂蜜中含有丰富的营养物质，对消化系统及胃黏膜有良好的保护作用，能够缓解反射性传入冲动而发生的恶心呕吐症状。正好身边带着给朋友的洋槐蜜，我就让她试着吃了两口蜂蜜，然后喝了几口矿泉水，过一会，她就不吐了，并且一直到终点都没有呕吐过，真没想到蜂蜜还能治晕车。

（陕西榆林市种蜂场，718000　张光存）

互换位置解除盗蜂

我蜂场有一个 2 脾弱群每天都喂，但次日查巢内总是无蜜，两周后工蜂停止采粉，蜂王停止产卵。经仔细观察，发现是被距该群 12 米处的一个 6 框群盗蜜所致。我将两群的蜂王分别关入铁丝笼里，挂在群内（一天后放出），于天黑后将盗群与被盗群位置互换。次日，盗群工蜂不断将本群的存蜜搬往被盗群内。第 3 日，被盗群内出现贮蜜，工蜂开始采粉，蜂王恢复产卵。由于盗群工蜂大量飞回原址，因而被盗群被补强，进入正常繁殖状态。两周后，由于盗群工蜂大量飞回原址（被盗群内），盗群群势被削弱，巢内多为幼蜂，盗性减弱，停止作盗。

（云南禄丰县城教育小区，651200　王德朝）

改进凉帽收蜂法

取两倍于凉帽长的纱布，宽度则是凉帽的周长。将纱布上下都缝出 1 厘米宽用来穿橡皮筋的边，上边穿橡皮筋，下边穿细绳。将纱布罩穿入凉帽上收紧上口，固定在凉帽顶端。再用针线把凉帽口上的纱布缝在凉帽口即可。收蜂时，将纱布翻折于凉帽上，当凉帽装不完蜂时，就将纱布罩往下拉长一些。当外面还有少许蜂时，将纱布罩全部放下，让蜂飞进罩里，最后拴紧布罩，将蜂安全提回，抖入蜂箱即可。

（四川宣汉县柏村镇新街 178 号，636150　胡家盛）

清水洗脾好处多

多年来，笔者在往箱内加脾时养成一个习惯，在加脾前必须将蜂脾放入盛有清水容器内浸泡 1~3 分钟或更多时间，然后甩干再加入箱内。总结起来浸泡蜂脾有几点好处。

1. 易切割平整　用凉水浸泡 2 分钟蜂脾，巢房内浸满了水用刀割时脆快、易割、不倒房、平整，比没有浸泡过的脾蜂王产卵快，容易被蜂群接受。

2. 可消灭巢虫及卵、防止巢虫　将脾放入水中浸泡 5～8 分钟，可以使脾内巢虫、卵、成虫死亡。

3. 易割封盖脾并有稀释作用　春秋用蜜脾、半蜜脾喂蜂，浸泡过的脾容易切割。

为了给浸泡脾创造条件，对蜂群采取定时统一加脾。比如一个 30～50 群的蜂场，可以采取分 2～3 次加一茬脾的方法，这样操作容易，省时省工。还能达到预期效果。

（吉林大安市江城东路 88 号，131300　郝淑兰）

黄昏喂蜂不起盗

蜂群饲养管理原则是缺蜜期要补饲，蜜源前期要奖饲。可见，一年 360 天有很多时间要进行饲喂。关于饲喂时间，各种书刊各家理论都要求夜间进行。但凡经历者都能体会到，夜间饲喂有诸多不便。所以我放在山上的蜂群在取蜜时就注意留足饲料，平时不曾喂过。放在阳台的蜂群每次饲喂时，开着巢门怕蜂出巢骚扰邻居，关巢门又怕缺氧窒息。我用一块窗纱罩住箱口再盖上大盖，打开大盖边的气窗，即使这样，也会有个别蜂飞出。有次还螫了邻居的孩子。于是我试着在黄昏时饲喂，当时的气温在 20℃，把饲喂器放进箱 10 分钟就有大量工蜂涌出，并四处搜寻，没等盗蜂来得及盗入他群，天很快就黑下来，蜂群就安静下来了。第二天观察，蜂群活动正常。之后我又试了多次，都很平静，实践证明在天黑前少量饲量基本是安全的。

（湖南永兴县教育局，423300　黄世俊）

蜂场遮阳

夏秋季节，日光太强，晒得蜂箱烫手，定地养蜂的蜂友常为蜂群遮阴而发愁。今年春天，蜂群撤了包装，我就把它从东到西排成两排，两箱一组。到了 5 月下旬，我在每组蜂箱的阳面中间部分种一棵向日葵。到立秋前后，向日葵长到一人多高，像一把大伞遮在蜂箱上面。即给蜂群遮了阴，又收了不少向日葵，一举两得，效果不错，定地养蜂的蜂友不妨一试。

（河北秦皇岛市石门寨镇山羊寨村，066308　雷振武）

查蜂防蜇小经验

在检查蜂群时先将西红柿叶子用手搓出绿汁，涂抹在手背手腕和面网上，提脾时蜜蜂讨厌此气味，不上手，可减少被蜇次数。

日常人们敬佛所烧的"香"，不是药物香，别看只有面条那么细，检查蜂群时点燃一柱，开箱后火头对着蜂群轻轻吹口气，蜜蜂就会迅速散开。蜂群却不太骚动，就是攻击性强的蜂群，也能安静的接受检查，不受太大影响。

（吉林桦甸市黎明乡志合村蜂场，166343　舍　丁）

种蝎子菊防蜂蜇

有一次摇蜜，无意中手上搓了几片蜂场种的蝎子菊叶，再提脾时，发现蜜蜂闻到手上菊叶味就纷纷四散，这大大提高了摇蜜的工作效率。从那以后，我每次看蜂前先搓几片菊叶，尤其是阴冷天气蜜蜂好蜇人时，这个防蜇方法非常管用。

我建议定地养蜂的朋友可向邻居或亲朋好友找些蝎子菊种子，在谷雨前后，先将种子种在大花盆里，等长高时移到蜂场空地上，这种蝎子菊又名蝎子草，花期长，从立秋至入冬结冰，黄花一直开着。

（山东济南市长清区崮山池西村，250307　马玉森）

简易硫黄熏脾法

养蜂者每年总是要造批新脾储备起来，用于换出老脾，然而怎样熏脾，防止虫蛀却是养蜂人头痛的一件事。我试过多种方法，还是觉得硫黄熏脾法最实用。具体方法如下。

在蜜源期过后，抽出一批新脾，不可过夜分别装入继箱，第一个继箱仅放 6 张脾，分别靠在两边，留出空间，四角用砖头垫高约 10 厘米，依次向上加继箱，每箱放 8 张脾，然后将长 1.7 米，宽 1.1 米的圆筒状塑料薄膜从上而下套到地面，长出部分用砂土压实。这时点燃硫黄粉，待火旺后放入箱底中央空处，当烟上升到上口，立即扎紧上口，下面四周用土压实，半小时后燃烧的硫黄因缺氧而自行熄灭。

（河北赞皇县见守村，051230　张喜刚）

蜂箱摆放有学问

蜂箱摆放要平行放置，如两箱摆在一起，不要一前一后，否则蜜蜂会偏集，一些飞翔蜂飞入前箱，使后一箱削弱。蜂箱不要摆在风口处，否则季节风会将风口处蜂箱前的归巢蜂吹移向后，进入别的蜂箱，使风口处蜂群削弱。

如场地宽阔，蜂箱摆放不可过密，箱距 1 米，行距 3 米，以免偏集影响繁殖。转地放蜂时，因场地原因，蜂群摆放过密，但前后排行距不可少于 1 米。以免后排蜂箱的飞翔蜂误入前排。

（辽宁铁岭市南马路为民巷 3 号楼 201，112000　孙　烨）

毒杀胡蜂法

中蜂受到胡蜂攻击不敢出箱采集，胡蜂常在蜂箱门口吃蜜蜂或寻找其他部位侵入箱口、通气口，咬开蜂箱腐朽的木板，进入巢内。

当胡蜂在这一箱不能进入，它会找另一箱。时间一长，会让几十箱中蜂不敢出箱采集，而且天天都是这样，打也打不着，给蜂场造成很大的损失，下面我介绍一种有效的诱杀方法。

发现有胡蜂侵扰蜂群，把 20 克瘦猪肉或牛羊肉用刀每隔 5 毫米顺丝切开但不切断（便于胡蜂咬），找一根长 80 厘米小竹杆把肉捆在杆的尾部。把线剪成 10 厘米长，一端系一个小棉团（棉团不能过大，捆好后有笔头大就可以）。另一端打一活结，把捆好肉的杆子慢慢移到胡蜂身边，胡蜂会马上来咬肉衔回巢去喂幼虫。趁它正在咬肉时，就把系好小棉团的线用活结揽到蜂的腰部，看到胡蜂将要咬开小肉块时，就要快速把敌敌畏点在小棉团里（要在即将起飞时点上，不能过早或过晚）。像这样多放几只胡蜂，就可把胡蜂巢里的胡蜂消灭净，效果很好。

追寻巢穴法

用10~15厘米长的线，一端系上小白纸片，另一端打好活结，把捆有瘦肉的杆子移到胡蜂边，胡蜂马上来咬肉，趁此时将系有小白纸片的线用活结揽在胡蜂腰部。胡蜂咬肉时，不会顾及人对它怎样，但不能手脚过重，它咬到小肉团会飞回巢，起飞时要注意它所飞方向，看着它和小白纸进行追踪，照此方法做几次，每只胡蜂每次来回3~10分钟。胡蜂来来往往很快就能找到它的巢窝，这种胡蜂的巢穴一般都在地下。可用各种方法灭胡蜂，也可取胡蜂子，蜂子营养价值很高，但要慎重小心防范胡蜂伤人。

（广东蕉岭县三圳镇铁西村，514145　杨胜权）

越冬蜂群结团位置的判断

我仔细观察发现，越冬前蜂箱巢门所在的位置和蜂群越冬团所结的部位有着密切的关系。如果巢门设为冷式，也就是利用冷式巢门（巢门在有蜂的一侧，越冬时最佳的位置），那么，蜂团易结在蜂巢前部接近巢门处。这种情况，蜂群挂王的部位应放在巢内中间偏前些。如果巢门设为暖式，也就是利用暖式巢门（巢内空间部分的一侧，一般大群越冬不提倡使用此法，但对小群确实有益处），那么蜂团易结在蜂巢中间部位，这种情况，挂王部位应选在蜂巢中间处。有了以上的观察，我在扣王时，就能准确地选择每群蜂挂王的正确部位，不至于蜂群结团后弃笼，以致失王。

（山东定陶县南王店乡张董集朱庄村，274100 陶春林）

挂螨扑前应先试验

养蜂人每年治螨用药单一，常在夏季用挂螨扑的方法来灭螨。不管在何时使用螨扑都要先选一两群做试验。

2006年，我在培育越冬蜂前扣王断子除螨，因水剂螨药不够用，于是就将一半蜂群挂螨扑，螨扑用法是强群2片，弱群1片，大开巢门，并在巢门前放了饲喂器接落螨，挂完螨扑后，我就外出办事。到下午6点回家时，发现幼蜂到处爬，挂螨扑巢箱前的饲喂器内强群幼蜂满盒，弱群也有半盒。我知道是螨扑致使幼蜂中毒所致。于是赶紧抽出螨扑，将其露天阴处晾了一天后，重新挂入蜂群，再未发现幼蜂爬出。因此，请未用过螨扑的蜂友挂螨扑前一定要先用一个强群一个弱群试一下，再全场使用。

（湖北团风马曹庙镇马曹庙村，438000　徐子成）

莫让蜘蛛网食蜜蜂

蜘蛛昼伏夜出，它是益虫也是害虫，说它是益虫，它能网食蚊子、苍蝇；说它是害虫，它也网食蜜蜂。

养蜂者是蜜蜂的"卫士"，为了保护蜜蜂不受蜘蛛的捕食，在夏秋蜘蛛活动猖獗时，发现在蜜蜂采集往返的通道上有蜘蛛网，要及时将它破坏，否则蜜蜂碰到蛛网上，便成了蜘蛛的美味佳肴。

很可能白天将蛛网毁掉，夜里又织起来，最好的办法是在夜里蜘蛛正在织网觅食时，趁机将蜘蛛逮住，而后再把它放到离蜂场较远的地方。

（河南登封市送表刘楼，452484　康龙江）

灭蜂螨小经验

对养蜂者来说，蜜蜂灭蜂螨非常重要。但是，灭螨也是一个很麻烦的事，用水剂治螨药喷杀，一个人操作很困难，挂螨扑是个好办法。可是，螨扑挂在哪里都不很理想。2006年我做了个小试验，把螨扑片放在巢门里的箱底上和巢框上，灭螨效果还不错。螨扑放在箱底，蜜蜂进出时从上面经过，蜂螨直接落在螨扑上面被杀死。落下的蜂螨也不能再复活，省时省工效果好，蜂友们不妨一试。

（黑龙江富锦市兴隆岗镇鹿林村，156105　任俊德）

面碱治白垩病妙用

养蜂 20 多年来，发现近些年白垩病常常出现，各种方法没少使用，可好了之后，不知何时又会复发，面碱没少用，撒入蜂箱后，不多时就被工蜂扇风吹出来了，我就想到如果把面碱化成水撒到箱底，就不会再被蜜蜂扇出来了，于是我用 3 份水化 1 份碱顺前后蜂路横倒进蜂箱底，过了一周再次检查发现白垩病全都消失了，并且长时间不再复发。如果在箱底喷上一层面碱效果会更好，请同行们一试。

（黑龙江尚志市亮珠乡四胜村二甲屯，150600　陈广和）

秋繁小窍门

因为不同地区，霜冻早晚不尽相同。因而蜜蜂秋繁的时间各异，鄂东地区定地养蜂一般在 9 月中旬进行秋繁，10 月上旬关王越冬。

秋繁前以挂螨扑代替断子治螨效果好，扣王断子的目的是便于用水剂除螨。殊不知，这时天气炎热，除蜂螨 3 次工作量大。同时，蜜蜂采粉采水劳动量大，损失较大。扣王断子使蜂群少繁殖一批蜂，对哺育越冬蜂不利。挂螨扑可解决这一问题，经我多次试验，不论哪种螨扑，头晚开包凉一晚上，第 2 天上午挂入巢箱，不会伤幼蜂。

利用秋繁奖饲储备越冬蜜脾，我在整个秋繁期，每群需喂糖 7.5 千克，越冬群约需要 10 千克糖。培育越冬蜂按 3 周计，前两周按秋繁要求进行奖饲；后一周按越冬饲料喂。这样在巢箱内一般有 7 个子脾，1 至 2 个蜜粉脾，这时扣王停产。至越冬期，而继箱内均是蜜脾。在蜜脾封盖或成鱼眼状时，撤下继箱和蜜脾，待幼蜂全部出完后撤出巢箱各脾，抖落蜜蜂，调入经消毒后的蜜脾，放宽蜂路让蜂群安全越冬。

（湖北团风县马曹庙镇马曹庙村八组，438000　徐子成）

蜡片法介绍蜂王

养蜂者介绍蜂王是经常性的工作，但求介绍方法简便，蜂王安全。近几年我试用了蜡片或赘脾把蜂包起来，留出小口让工蜂能喂到蜂王，并能很快咬开。放入被介绍蜂群内，介入当天可产卵。只要蜂群内无王台，蜂王介入后不需检查。但要注意，新王需产卵 9 天以上方可介入。蜂群断王 15 天以上者介绍后需检查。若发现围王可从别群中提幼虫脾放入，用同样方法介绍便可接受。此法我已使用 4 年。

（河南许昌市勘测设计研究院，461000　王爱群）

封闭式合并蜂群成功率高

养蜂者最头疼的事有两件，一是盗蜂；一是合并蜂群。辛辛苦苦培育出的蜂王，诱入大群不成功，确实可惜。笔者经过多年探索，认为封闭式合并法最好，成功率很高。现将合并方法介绍如下。

一、材料

平面隔王板 1 块；长 51 厘米、宽 22 厘米铁纱 1 块；图钉 5 颗；饲喂器 1 个；覆布 1 块；糖水 500 克；蚊香 2 盘；蚊香盘 2 个。

二、具体方法

1. 把铁纱用图钉等距离钉在隔王板中缝衬备用

2. 以继箱双王群为例　先把覆布盖在有蜂一侧框梁上。将无王一侧的蜂连蜂带脾提上继箱，关闭巢门，点燃两盘蚊香，放于盘内，蚊香盘置于巢箱底用以驱出余蜂，之后取出蚊香盘，迅速把新王连蜂带脾放于箱内，紧接着把饲喂器装入糖水放进新王一侧，同时拿走另侧覆布。最后，赶紧把钉有铁纱的隔王板对准诱入群盖上，架上继箱，打开大盖通风即可。

经这样处理后，巢内通风不通蜂，工蜂之间无法互斗、围王。蜂王产卵正常。2 天后打开巢门，1 星期后去掉隔王板铁。此法任何时候都适用。

（湖北洪湖市白庙东晓蜂疗室，433201　朱泽显）

尿素治蜂蜇的正确使用方法

几年前，我在养蜂书籍中见到用尿素治蜂蜇的方法，认为是个好方法，蜂毒中的酸与尿素中的碱起中和反应，所以，尿素起了解毒作用，不足的是使用方法未达到最佳效果。原因是尿素水溶液（尿素加水）涂抹几次，它的中和作用减小，治疗效果不好。

我的改进方法是把尿素液浸入绵球或毛巾（也可取少量干尿素放在毛巾内，再加上适量的水溶化）把绵球或毛巾敷在被蜇处。敷后很快止痛，此方法的关键是溶液的挥发慢，增加酸碱中和解毒作用，加大治疗效果。

（云南威信县扎西干河小学，657900　马学洪）

育王应注意细节操作

在多年的养蜂过程中，我有不少养王失败的经历，得出一个重要的教训，那就是忽视了蜜蜂自然规律的细小环节，会产生严重的后果。我采用塑料王台育王，由于多次查看王台发育情况，结果造成大台小王；仔细分析后发现是塑料台光滑，没有摩擦力使幼虫吃不到浆。随后将塑料台剪去一半，让王台随幼虫增大而自然加高，就避免了这种现象。

在王台封盖期间，由于意外震动了育王框，使封盖后的幼虫下沉，我还多次见到驼背处女王，中蜂与意蜂都出现过。

总结多种现象都是因为忽视细节才造成的后果，这不仅是初学者，也是熟练养蜂者一时大意也会出现的小毛病。如果不从自己的操作方法去找问题，还会误认为是幼虫遗传基因导致的问题。

（湖北大悟县府前街 16 号，432800　杜方建）

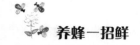

无础造脾法

春季王产卵后，分蜂群都有急切扩大蜂巢的要求，利用分蜂群的这种急切要求，可进行无础造脾，能造出整张平整无雄蜂房的巢脾。

要求蜂群内的蜂要足，但群势不必很大，4 框蜂紧成 2 框蜂，两框之间加 1 个巢框，巢框要求平整，平放桌面上不翘角。框梁不用开槽，止梁下面和侧梁里面都划出中心线，按侧梁中心线钻孔穿铁丝，铁丝一定要对准中心线，如果不对准中心线，以后造脾铁丝就会埋在巢房眼中间，而不是巢房底部。框梁底面先涂上一层蜂蜡，然后用利刀从旧巢脾上割下 1 条二三眼无雄蜂房的巢脾。将割下的旧巢脾条对准框梁底部中心线，用白线绑在框梁上，即可放入箱中，一天后去掉捆绑线。如果没有旧巢脾，一小块蜂蜡加热后，在木板上搓出一条 2 毫米与上梁同样长粗的蜡线粘在框梁中心线上，然后用小刀割掉蜡线两端多余部分。如果使用旧巢框，应去净铁丝上的蜂蜡，框梁下沿留下半眼脾础，几天后就能造出一张平整的巢脾。

（浙江绍兴市投醪河 6 号，312000　徐川）

再谈胡蜂的防治

在我国南方诸省山区，蜂农均不同程度地遭受胡蜂危害，尤其是海南热带丛林地区，胡蜂活动更为猖獗。炎夏断蜜期，每天都有胡蜂在蜂场上空盘旋，响声哄哄，好似发出通告要袭击蜜蜂来了。笔者经过反复学习，请教老蜂农和不断实践，终于找到克制胡蜂之法，现介绍如下。

当胡蜂来袭蜜蜂时，可在蜂场上空或蜂箱旁用捕虫网捕抓，然后戴上防蜇手套将其投入 200 毫升的广口无色玻璃瓶内（瓶内装上 2～3 克粉状农药），盖上瓶盖，胡蜂嗅到药味急忙振翅挣扎，反而使药粉加快粘附在其身上。此法的关键是掌握好关胡蜂的时间，最多不要超过 2 分钟，打开瓶盖放飞，以免胡蜂飞不回巢中死亡在途中。冲出药瓶粘附了药粉的胡蜂飞回巢穴全巢的胡蜂就会统统被毒死。

此法简便易行效果好，具体到不同地区不同药物还需调整合适的用药时间和农药品种。

（海南海口市龙华二横路 25 号，570105　曾传勇）

山楂预防蜜蜂消化道疾病

山楂也叫山里红，中医用作健胃助消化的首选药物，它的功能是破气、消食、健胃。

养蜂生产上用山楂来预防蜜蜂消化道疾病效果相当好。我在喂越冬蜂饲料时加入山楂汤，在繁殖越冬蜂时饲喂，隔天喂 1 次，将煮好的山楂汤兑入糖浆中，用量大约是 1/10，多点少点无碍，山楂无毒无害。

山楂汤的制做方法是将山楂鲜果煮汤，最好用铝锅煮，因为用铁锅煮好的山楂汤颜色发黑，将煮好的山楂汤倒入塑料桶内，喂蜂时将山楂汤兑入糖浆搅拌均匀即可。几年来我用来喂蜂，效果相当好，到春天蜜蜂排泄的粪便底色正常，蜜蜂体质相当好。我在春季奖励饲喂蜂群时也加入山楂汤，是上年秋天将山楂切片晒成山楂干，留下备用的，喂蜂时加水煮即可。有兴趣的蜂友您也来试试。

（北京房山区河北镇三十亩地村，102417　王奎月）

利用王笼诱王效果好

就诱王效果来说，我经过多次试验认为采用纸卷王笼诱王安全可靠，成功率高。不管是提前分群或临时分群都可采用这种方法。

将要介绍的蜂王关进王笼，用与王笼相同宽度的白纸卷在王笼上（单层即可），纸边用浆糊粘好，用针扎上若干针孔，把王笼门提起后放入蜂群中，用杀螨药喷上几下，盖好箱盖，王笼上的白纸会被工蜂咬开，将蜂王解救出来，2～3 天后开箱检查。

（山东冠县蜂业研究会，252500　潘更书）

如何提高处女王交尾的成功率

交尾群内部的变化情况是影响处女王交尾成功率的主要因素。交尾群的群势不能太弱，一般由 1 张蛹脾、1 张蜜脾组成，1 框蜂为好。

在分出的交尾群中，如果没有子脾，蜜蜂容易慌乱散漫、躁动不安，延误交尾时间，严重者会导致蜜蜂偏集、飞逃，影响处女王交尾成功率。

为此，我利用蛹脾混合再分蜂的方法进行分蜂，处女王交尾产卵后，再用正在出房的子脾换出其卵虫脾的方法，交尾成功率都能达到80%以上，做法是：

在蜂王出房的前5天开始提子脾，把提出的子脾集中放在几个蜂箱里，每个箱里保证饲料充足，加强保温，注意防盗。

蜂王正在出房时进行分蜂，这时的交尾群内无老龄蜂，子脾出房过半，随之将精选的处女王放开，蜂王在蜂群里很安全，在适宜的天气里，8天交尾，10天基本产卵。交尾一般是随着幼蜂的认巢试飞进行的。在蜂王产满1张脾后与正在出房的蛹脾与卵虫脾对调，以此来平衡群势，利用此法蜜蜂情绪稳定。

（内蒙古阿荣旗查巴奇河西，162757　李怀军）

蜂场笔记经验谈

笔者开始养蜂时总嫌麻烦，不愿做记录，单凭记忆好。后来随着蜂群数量增加，要做的事也多了，年纪又大，记忆就不那么准确。比如，检查蜂群一次要看几群、十几群，哪群缺饲料，哪群该加脾了。刚查完又忘了，甚至出现失误，所以近些年来我专门设计了一个养蜂记录簿，从蜂群出窖春繁到入窖冬季检查都详细记录。有了记录，了解蜂群情况就方便多了。

笔记是备忘录、好帮手，它有以下好处。

（1）帮助记忆及时掌握蜂群情况，及时提醒注意事项，做到心中有数，随时可采取应对措施。

（2）有利于了解转地或小转地放蜂的蜜粉源，放蜂路线及易发生自然灾害等情况，可减少盲目性，对追花夺蜜创高产、稳产十分有利。

（3）经常记录，对养蜂者的文化修养、技术水平是一个提高的过程。

（4）日复一日年复一年的记录，积累起来进行对比，从中找出规律，养蜂人能少走弯路，减少失误。

总之，勤动笔作好记录贵在坚持，日积月累便成为一部完整的养蜂经验谈。

（吉林大安市江城东路88号，131300　王长春）

新收蜂群防逃法

1. 加隔王栅　隔王栅可用竹片或木片做成，在竹片中凿一长孔，孔径以工蜂能进出而蜂王不能出来为宜。收蜂当晚要喂糖水，第 2 天早上观察蜂群出勤情况，如蜜蜂积极出工，带回的花粉很多，就是蜂群安居的表现，不必再加隔王栅。如只有少数蜂进出而无花粉带回，则是蜂群不定居的表现，必须再加上隔王栅。

2. 调入子脾　可以将一二张带子的巢脾调入新箱内，将新收蜂抖入箱内并加盖，箱内有子脾，蜂群就不会飞逃了。注意调入子脾同时要加 1 张粉蜜脾。

（河北阳原东井集镇东关街 11 号，075816　刘茹馥）

解救蜂王小经验

蜂群围王的原因有：

一是受惊，因操作不慎，使蜂王受惊，行动慌张，好似陌生蜂王，会引起工蜂围王；本群处女王交尾回来，因气味和行动异常，有时也会引起工蜂围王。

二是发生在直接诱入不接受时和处女王交尾投错蜂箱时，蜂王诱入时，出现受惊飞逃投错等情况。

三是保护，偶然在继箱上出生劣小的蜂王，企图钻下隔王板攻击产卵王，此时工蜂为了保护产卵王而群起围攻这种劣小处女王。

四是混乱，因盗蜂、治螨或者其他敌害攻入，造成混乱而引起围王。解救法如下。

1. 投水解围　将被围的蜂王或整个蜂团投入水中，围王的工蜂会飞散，蜂王再用诱入器诱入。

2. 喷蜜解围　以糖水或蜜水喷在被围的蜂王和工蜂身上，使工蜂转移目标去舔吮蜜糖而解围。

3. 喷烟解围　以淡烟向蜂团吹喷，烟雾迫使蜂团散开，不可以喷过热的浓烟，以免蜂王受伤。

采用上述三法解围时，切不要用手将工蜂从蜂王身上拨开，这样会激怒工蜂，立即刺死蜂王，若蜂王被围过久，全身光秃或翅损、足跛，应该淘汰，另换新王。

（河北临城县 118 信箱，054300　吕纪增）

我的蜂扫不掉毛

2004年我买了一把竹柄双排毛蜂扫，用起来很顺手，一年后，塑料扎线老化断开，一撮撮地掉毛，2005年我又买了两把塑柄双排毛蜂扫，半年时间塑料扎线就断了，塑料线一断就开始掉毛，这时我到五金商店买了1元1瓶的502胶水，到家剪开口快速在蜂扫毛上1撮滴1滴，正反面都滴，不能多滴，多滴会变成一根硬棍，蜂扫无法使用。两个蜂扫修好后，不再掉毛，用起来非常方便，有兴趣的蜂友不妨试一试。

（山东高密市河崖镇新赵庄，261500　王朝玺）

换位控制自然分蜂法

自然分蜂如果在主要流蜜期前1个月发生，将造成大流蜜期前大量逃蜂或消极怠工，给养蜂生产带来重大经济损失。我在处理发生分蜂热的蜂群时，运用换位分蜂的方法达到了蜂多、蜜多的目的。首先，将发生分蜂热的蜂群搬走，原址放1个空蜂箱。然后在任意蜂群中选调2张虫卵脾，带少许幼蜂放在空蜂箱中，组成第1个新分群，由于大量外勤蜂进入第1个新分群，造成新分群外勤蜂过剩，这时可将第1个新分群移到适合交尾的地方，并介入王台或处女王，原址再放1空蜂箱，再选调2张虫卵脾实行第2次分蜂。一般情况下，一个发生分蜂热的壮群，可分2～3群新分群。这样做的好处是，首先彻底解除了原群的分蜂热；另外，又得到了2～3个新分群，新分群由于外勤蜂多，同时新王产卵积极，再经过2～3次补充老蛹脾后，到流蜜期也会发展成壮群，这样做一举多得，何乐而不为？

（黑龙江黑河市41号信箱31号箱，164300　孙善成）

防治白蚁小经验

白蚁是危害蜂群的敌害。南方各地区普遍存在，尤其是山区危害较为严重，白蚁从蜂箱底开始筑巢，一直到副盖和大盖，不几日就能蛀坏蜂箱，养蜂人深受其害。我养蜂30多年，试过很多防治方法，效果都不是很好。由于蜂场防蚁不能像建筑物防蚁那样使用农药，只能在蜂箱与地面接触之处用气味大的柴油驱赶白蚁，避免白蚁从地下钻入蜂箱。具体办法如下：

每箱用锯末 1 碗、柴油 50 克，以能拌湿锯末为宜，撒在蜂箱底下，白蚁闻到柴油气味就不上来咬蜂箱筑巢了。有效期长达 3 个月，假如时间长了，柴油气味挥发尽后，白蚁又会进蜂箱筑巢。根据当地气候及具体情况，在 3 个月左右检查箱底，如果气味散尽，应重新撒一次柴油拌锯末，就能起到预防白蚁的目的。这种方法花钱少。锯末好找，柴油用量不多，经济实惠，使用方便；不伤蜂群，能保护蜂箱不受侵害。

（浙江龙游县湖镇塘家圩蜂场，324401　童锡根）

喷水防止盗蜂效果好

首先，准备好容量较大的喷雾器和清水，背对蜂箱前蹲下，面对着空中的盗蜂和门巢前的盗蜂喷水雾大约 10 秒，然后将身体移到蜂箱一侧，暂停喷水几秒钟，让本群采集蜂迅速归巢。手持喷雾器与蜂箱前壁平行，离巢门前方 40 厘米左右处喷水，约 5 秒，将盗蜂和采集蜂分离开，让本群蜂归巢的同时，用水雾逼迫盗蜂后退，再次面对着空中喷水约 10 秒之后退到蜂箱一侧喷水，让本群蜂归巢，逼盗蜂后退，如此反复进行操作，直至见不到被盗群内有饱腹出巢的盗蜂，空中没有盗蜂盘旋，盗蜂即平息。

在外界有少量蜜粉的情况下，一刻钟左右盗蜂即可止住。如果没有蜜粉或盗群来势凶猛，时间可能会多一些。进行本操作，有几点问题需注意。

（1）在巢门前方喷水时，可把被盗群巢门适当缩小，千万别把巢门口踏板和守卫蜂喷湿，一旦守卫蜂被迫离开岗位，盗蜂会加倍地蜂拥而入。

（2）如果本来就没有守卫蜂，可处死几只盗蜂，引导守卫蜂上岗。

（3）如果盗蜂比较凶猛时，当身体挡住被盗群向空中喷水时，盗蜂有可能转向进攻原被盗群左右的蜂群，这时，就应该将喷水的范围扩大一些，水雾尽量喷远一些。

（贵州大学艺术学院，550000　张德志）

蜂蜜止血效果好

我在洗瓶时，不小心被破玻璃把手划出了一个大口子，当时血流不止，情急中我想起蜂蜜可以止痛、消炎。就用高浓度的成熟蜜在流血的伤口处涂了一层，伤口的血就慢慢地不流了，疼痛也减轻了许多。养蜂人时常受些小的皮肉之伤，由于条件简陋，紧急情况下用蜂蜜止血是行之有效的办法。要注意的是，一定要用高浓度的成熟蜂蜜，才有杀菌止血作用，否则会适得其反。

（山西榆林市种蜂场，719000　张光存）

注意防治土胡蜂

近年来，朝阳县胜利乡赵家湾村冯喜玉等几家蜂场，受土胡蜂危害非常严重，产蜜量减少，损失惨重。从 2003 年开始到现在，在 100 千米的范围内有蔓延的趋势。

土胡蜂和小黄蜂相似，不同的是肚子细，白头盖，两颗"大门齿"，没有螫针，动作一起一落。土胡蜂主要在蜜蜂工作时抓住蜜蜂，立刻能把蜜蜂咬死。土胡蜂总是在蜜源植物上空飞，观察蜜蜂都是在上午抢在土胡蜂活动之前采蜜，上午两个小时左右，下午太阳落下前的一个多小时出勤。蜜蜂好像有共同的对策，总是"躲开"土胡蜂。土胡蜂的窝是筑在黄土砂窝松软的阳坡沟沿处，横穿深洞 1 米左右，直洞，一子一洞、一蜂多洞的繁殖。蜂洞里全是蜜蜂的残骸（蜜蜂的足、翅）。土胡蜂繁殖的地方好像筛子一样，密密麻麻的小洞。土胡蜂的幼虫细长，蛹像棉花子一样。冬季幼虫过冬，适时出房。

我家附近蜜源条件优越，以前每年产蜜量可观，由于土胡蜂的侵袭，近两年我们就采不到蜜，转到其他地方，离开危害区就能有好收益，产量差距很大。土胡蜂已经引起养蜂户的重视，必须想办法消灭它。我们除了在蜜源植物上和蜂箱前扑杀，还可用农药拌上它喜食的碎肉毒杀。

（辽宁朝阳市双塔区八宝蜂场，111000　吴德文　冯喜玉）

蜂王去翅小经验

在开箱前先点上一支香烟，叼在嘴上，这样可减少蜂螫，为去翅做好准备。然后，找到蜂王，将蜂王拿在手里，取下香烟对准蜂王的翅膀部分靠近，即可烧掉翅膀的一部分。如果想去的多点，则靠近翅根部，想去少点，则靠翅膀尖部。注意千万不能挨近蜂王的腹部，如果烟头接近蜂王时，蜂王一受惊，展翅飞动状态下去翅，效果更是事半功倍。这样去翅，对蜂王基本没有什么伤害，这是一位姓任的师傅告诉我的方法，用起来特别方便，介绍给蜂友们。

（河北顺平县河口乡马各庄村，072253　李树奇）

蜂群安全度夏三方法

夏季天气炎热，外界蜜粉源缺乏，蜂王产卵减少，蜂群面临蜂螨、农药中毒、夏衰等不利环境因素，以下三法可保证蜜蜂安全度夏。

一、解决饲料

每箱蜂要留足 5~8 千克越夏蜜。如蜂蜜不足，可以人工制作混合饲料饲喂。混合饲料制作方法：将西瓜、番茄用干净纱布包 2~3 层后，用力挤压，盛接汁水备用；用炒过的黄豆磨成粉备用。配比：西瓜汁 200 克，番茄汁 70 克，白糖 100 克，黄豆粉 20 克，奶粉 15 克，食盐 5 克，加冷开水 30 克拌匀喂蜂。人工配制的混合料，于天气干旱和缺蜜源时喂给。

二、防治蜂螨

将升华硫用纱布包好，扑在框梁和封盖子脾上，不可扑过量，容易因中毒而导致长时间断子。

三、防止夏衰

夏季炎热，群势一般都呈下降趋势，若管理稍有不善，蜂数会降至40%以下，以致无法生产王浆。可利用优质新王产卵，扩大卵圈，加速蜂群繁殖；选择空气流通、有树荫的地方放蜂或在蜂箱上覆盖草帘，以防阳光晒箱增加巢温；放大巢门，使箱内空气流通，天气过热时，要在箱外泼洒几次冷水。坚持奖励饲喂，用稀糖浆饲喂蜂群。

（广西桂平市西山镇上垌小学，537200　吴海明）

利用福尔马林蒸气为蜂箱和巢脾消毒

利用福尔马林蒸气为蜂箱和巢脾消毒能彻底杀灭白垩病、蜜蜂幼虫病和各种传染性疾病。具体方法如下。

把待消毒的巢脾每50框为一组，分别置于1个巢箱和4个继箱内，把继箱摞在巢箱上，盖上箱盖。用一条大塑料袋底朝上倒扣在箱子上，袋口与地面用细砂封严实，使其不漏气。

在一口高压锅内加4%的甲醛溶液（即福尔马林）3升，盖紧锅盖。高压阀排气孔上套一根长1.5米（液化气灶用耐高压的）橡胶管；管口的另一端水平插入巢箱门内24厘米，管口对准蜂箱的左后角，巢门用泥封严，橡胶管与塑料袋交接处扎紧，不得漏气。把高压锅置于火炉上，用猛火加热，向箱左后角喷福尔马林蒸气20分钟，然后将管口转动90°，对准右后角再喷20分钟。用手摸箱体有温热感时，停止加热。再让被消毒的蜂箱和巢脾在塑料袋内密闭48小时即可。

注意：装巢脾时，下部箱体内装老脾，中部箱体装半新旧脾，上部箱体装新脾；橡胶管的出口端应水平放置于箱底，不可上翘，否则会将巢脾吹化。

（云南禄丰县城教育小区，651200　王德朝）

换王可解决洋槐后期爬蜂问题

每年洋槐花期过后都容易出现爬蜂，采用换王法可解决这个问题，做法是：把老王囚禁半个月左右，将交尾成功的新王直接换入蜂群内，不必保护诱入，5 天内不要开箱检查，百分之百成功。因蜂群急需蜂王，不会咬杀新王。注意，新王产卵一个月后方可介绍，换王成功后，把原群蜂王带两张老子脾提出即成新分群，之后再育一批王台更换小群中的老王。

（陕西合阳县城关镇宋家庄村，715300　雷亚军）

防盗蜂小经验

　　近年来，由于养蜂场规模扩大，蜂场之间的距离变小，每到蜜源缺乏的季节，盗蜂四起，十分猖獗。使养蜂者深感头痛，处理起来很麻烦费事，稍有不慎就会造成很大损失。

　　笔者这两年荆条花期结束以后，回到平原地区棉花地放蜂时，把弱群、交尾群摆放在有草生长的地方，让草遮挡住巢门。在自家庭院内，就用长势不高，枝叶繁茂的盆花摆放在蜂箱前，尽量放得密度大一些，使花遮住巢门。放花盆要在傍晚蜂停飞后或早晨未出巢前。这样处理，虽然出勤蜂不太方便，但盗蜂却不容易找到巢门。起到防盗蜂的效果。

　　如果巢门前发现有蜂在打斗，并有死蜂在箱前，应关闭巢门，等傍晚蜂停飞后，再打开巢门，用干树叶之类的东西堆放在箱前，使之挡严巢门，堆放时树叶要松散一些，这样既不会闷死蜂，本群蜂可以从缝隙间出入，盗蜂就找不到门。但蜂箱的其他地方如有洞必须堵严实。10 天左右盗蜂平息后，移开堆放物即可。这个方法我试了两年，效果不错。

（河南卫辉城内土地庙街 13 号，453100　李岭群）

三步止盗法

　　第一步： 发现盗蜂以后，于第二天清晨蜜蜂未出巢前给被盗群加足蜜脾，封闭巢门一天，使箱内盗蜂虽然吸足了蜜，因出不了巢而烦躁不安。

　　第二步： 封闭巢门的第二天，被盗群前箱体用塑料窗纱扣上，四周压严，然后，打开巢门，这时箱内盗蜂会一拥而出，但有窗纱罩住飞不出去。中午和下午可打开窗纱放出盗蜂，连续两天。由于盗蜂在窗纱里消耗了体力，不会再来作盗，即使来了也进不去。

第三步：用窗纱处理两天后，可于第三天撤去窗纱，把被盗群移到新址，缩小巢门，在原址放一空箱，注意观察移到新址的被盗群。

（黑龙江黑河市 47 号信箱 31 号，164300　孙善成）

管好巢门养好蜂

巢门供蜜蜂出入，巢门管理得及时不及时，适宜不适宜，将直接影响蜂群的生存、繁殖、发展与生产。巢门常年实施动态管理，辅助蜜源期，壮群巢门大，弱群巢门小；大流蜜期，蜜蜂出勤率高，巢门有多大开多大，好让蜜蜂出入畅通无阻，为提高蜂蜜产量做好准备。

春繁前期，气温低，为了保持巢内温湿度，巢门是偏着蜂团开，冷空气来时缩小，气温高时放大；春繁中期，巢门是随着蜂群发展而开；春繁后期，群势达到生产强群时，巢门全开。

大流蜜突然终止时，野菊花流蜜欠佳期，以及越冬前夕，均为盗蜂高发期，要特别留心管好巢门，盗蜂是无孔不入，轻则盗垮蜂群，重则盗垮全场，万万不能掉以轻心。

越冬期，巢门是对着蜂团开，宁大勿小，加强巢内通风换气，避免巢内缺氧导致蜜蜂窒息；特强的越冬群巢门大开，防止蜂群伤热，造成全军覆没。

（河南登封市送表刘楼，452484　康龙江）

蜂群的近距离搬移

在蜂场内部对个别蜂群进行搬移时，可采取逐步移动的方法。向前后移动，每次可将蜂群移动 1m 左右；向左右搬移，每次不超过 0.5 米。移动蜂群最好在早晨蜜蜂未出巢前或傍晚停止飞翔后进行。

全场蜂群搬迁到较近距离的另一场址（一般在 5 千米范围内），最好在蜂群结成稳定冬团时进行，蜜蜂经过越冬期来年春天会重新认巢。如果不能等到越冬期，蜂群就需搬迁，可采用直接迁移法，将蜂群直接移到新址后，推开纱窗挡板，用青草或树叶堵上巢门，让蜜蜂慢慢咬开，以增强其对新址的识别能力。在原址上要暂时保留几个弱群，收集飞回新址的蜜蜂。经过 3～4 天后，即可安居下来。亦可采用间接搬迁法，先将蜂群搬至离原址和新址超过 5km 的地方，过渡饲养 20 天，然后迁住新址。

（河北临城县 118 信箱，054300　吕纪增）

蜂群如何补充食盐

大家都知道水对蜜蜂生活有重要作用，很少有人注意盐对蜜蜂生活的重要性。事实上，盐是蜜蜂摄取矿物质的主要来源，也称"无机"营养素。矿物质是蜜蜂生命中不可缺少的重要元素，起到控制体液平衡，调整渗透压和排泄等作用。

在蜂群繁殖季节，养蜂者常能看到蜜蜂上厕所采盐，这一现象严重影响了蜜蜂的形象。所以，在蜜蜂繁殖季节，要不间断地给蜂群供给食盐，以便蜜蜂更容易地采到所需的矿物质营养来哺育幼虫。很多养蜂人都在糖水中加上食盐来喂蜂，这种方法是不可取的，用含有食盐的糖水饲喂蜂群会缩短蜜蜂的寿命。

喂盐最好的方法是让蜜蜂自己采集，在蜂群开始繁殖时，选一个向阳的地方挖一个土坑，坑沿加高成盆状（可根据蜂群多少决定大小）铺上塑料布，再填上沙子（河沙最好），找一个盛水的容器，用点滴管控制水流的大小，保持沙子整天都是湿的，而没有明水。在沙子上经常撒上食盐，让蜜蜂自己去采集食盐，实际也是一个喂水池，此方法可一举两得，既喂水了，又补充盐了。开始时蜂很少，等蜂产生条件反射了，会有大量蜜蜂去采集。

（黑龙江宝清县五九七胜利村，155610　赵永春）

老蜂王可利用

笔者定地养蜂，蜂王一般使用两年。两年以上的老蜂王仍然有可利用的价值，具体总结以下几点。

（1）两年以上的蜂王无群界，随意调到哪群，一般都能接受。这样可用于缺王群暂时没有替补蜂王防止繁殖断代，避免工蜂产卵。为育新王赢得了宝贵的时间。

（2）母女蜂王能同巢，两年以上的老王可能为了种群的延续，不断地造王台，在检查蜂群时，经常发现老王群里有处女王甚至都交尾产卵了，老王依然在群里，新老蜂王相安无事。如果要保留老蜂王应适时调出，或将老王囚起来，否则完成自然交替，老王就会消失。

（3）当把老王调进失王群里，产卵特别积极。这对失王群恢复群势，发展壮大非常有利。

笔者根据老王的特殊性，从不把老王轻易杀死，而是将其贮备起来，充分利用，取得了可喜的收获。

（辽宁辽阳市白塔区熊家街 3 号 6 组 16 号，111000　贾玉瑞）

简易蜂胶去蜡法

我在喝水时，无意识地向热水杯里投入了黄豆大的一小块蜂胶块，过了一会儿，看见水面上飘浮起雨点大的一小片黄色物质，把它取出一看，是一小片黄蜡，蜂胶还沉在杯底。原来是开水把胶块中的蜂蜡融化了，所以黄蜡浮出水面。

取出杯底的蜂胶一看，蜂胶中的蜂蜡几乎全都溶出来了。具体方法如下：先把蜂胶块放入冰箱冻一下，砸成小块，放入一个广口容器里，倒入70℃的热水，过一会儿，蜂蜡就慢慢地浮上水面，最后，把水和蜂蜡一起倒出，如果一次没有将蜂蜡完全溶出，反复几次就可以了。这时剩下的就是所要得到的不含蜂蜡的蜂胶（去除蜂蜡的蜂胶在常温下不会变硬）。

（陕西榆林市种蜂场，718000　张光存）

不开坟收蜂妙法

读《中国蜂业》第 7 期《开坟收蜂事件》实觉遗憾，作者在结尾说，"明智的选择是放弃"。我认为其实不开坟，丝毫不动坟地，照样能收蜂，坟主人一般会同意收蜂，不必言放弃。

正巧，前不久我也在坟地收捕了一群中蜂，是我村王蜂友的一群蜂半月前飞逃到墓穴中。在坟旁居住的人说坟是谁家的无法确定。王蜂友曾去收过，未能成功。后来他想开坟收捕，我当时阻止了他，之后他就放弃了，叫我去收。

当时正值桉树流蜜，进出蜂多，估计有 4 框蜂。开始我按段晋宁《中华蜜蜂饲养法》岩洞蜂的收捕法用碳酸驱赶，未能成功。

第二次按杨水生《养中蜂》的石岩蜂的收捕法，在傍晚蜜蜂停止飞行时，用泥巴把洞口封住，不让蜜蜂出来，第 2 天打开一个小洞……也未成功。

第三次，我想反正是野生蜂，不妨用蚊香试试。我带了一小盘蚊香，点燃放在蜂洞前，立即有蜂爬出，慢慢越来越多，并在旁边结团。结果用了约半盘蚊香，蜂群倾巢而出，在附近小树上结团，找到蜂王后将蜂收回，足有 4 脾蜂。

（江西南康市坛东镇芦箕村下尾组，341400　李坊铭）

养蜂人都应备一支蜜度表

蜜度表是测量蜂蜜浓度的一种最简单的工具。在目前还不能广泛运用科学检测仪器时，笔者认为养蜂人备一支蜜度表很有必要，只要是天然的、纯净的蜂蜜，浓度高的蜜品质比浓度低的要好很多，且较长时间也不变质。笔者多年的体会是，在炎夏取的蜂蜜不低于 40 波美度。这样养蜂人就可以自信的告诉消费者，我的蜂蜜是上等蜜，是营养全面的天然食品。

（江西南康市南水村，341400　邱昌辉）

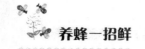

石灰水防治白垩病效果好

蜜蜂白垩病在我地曾于 20 世纪 90 年代暴发，此病传染快、危害大。经过长时期治疗经验的积累，体会到碱性抗真菌药物效果好，尤其是用石灰水喂蜂，对蜜蜂白垩病既可防又可治。特点是疗效好，原料便宜，制作方便，使用安全。

其一：效果良好，因为白垩病菌属偏酸性真菌。在偏酸性环境中发生、发展快。若在碱性环境中则生长不利而受抑制。

其二：成本很低，大多蜂友认为价钱贵的药效果好，其实不然。笔者曾经用过灰黄霉素等价格较高的药物，效果不好。关键在于药物的酸碱性。石灰水价格便宜，但效果比灰黄霉素好。灰黄霉素 20 多元，用石灰水治疗白垩病，一个中型蜂场每日只要 2 元钱。

其三：无任何毒副作用，石灰水是杀菌剂。石灰水制作方便。选石灰块（不宜用散灰）化开，倒进水缸，加清水 10 倍，搅拌均匀后澄清，一般静置 24 小时即可。喂蜂时，取用上面澄清液喂蜂，不可搅混，也可加在蜂群饮水器中喂蜂。

（浙江上虞市石官镇半山路 33 号市人民医院宿舍 3 幢 103 室，312300 黄 坚）

让蜜蜂到指定地点采水

早春，不论南方还是北方，都会遇到工蜂不在蜂场内设的水源采水，而到外面去寻找水源导致受冻而死。即使在蜂群出室的当天，就在蜂场里设水源，也会有很多工蜂到外面采水因冻累而死。我的办法是用老旧巢脾喂水，在蜂群出室当天，选蜂场背风向阳处（注意离蜂箱远一点，防止起盗蜂），平放几张不带蜜的老巢脾，浇上 5‰的温盐水。有巢脾味吸引，工蜂很快就会到脾上采水。既不淹死蜂，也不会冻死蜂。在气温稳定后，就可设水池撤去巢脾。在蜂群转地时，用此法喂水效果特别好，还可防止工蜂偏飞到别的蜂场。

（黑龙江拜泉县爱农乡新士村，164725 王汉生）

养双王防偏集

双王群繁蜂快，但双王的偏集现象经常发生，特别是春秋季节。

越冬前最后一次排泄飞翔，蜜蜂常会向一区偏集，如没及时调整，结果是一区蜂多饲料少，另一区脾多蜂少，蜂多的受饥饿，蜂少的受冻，致使越冬效果不理想。

春季排泄时的几次飞翔或遇到乱风天，同样会造成偏集，一区蜂多脾少，另一区蜂量不足。蜂多的一区子脾有限，哺育力过剩，蜂少的一区发挥不出蜂王产卵力的优势。如不及时调整，往往越偏越重，蜂多的一区重则伤热，繁蜂差；另一区越来越弱，甚至只剩几十只蜂护卫蜂王。饲料常常被盗，达不到双王繁蜂的目的。

两区蜂王不同龄，一老一新，一般新王产卵力强，分泌蜂王物质多，蜜蜂喜欢向新王区偏集，繁蜂效果不理想。

参看养蜂资料和总结自己的经验，我发现，出现上述现象的蜂群往往是中隔板用了隔堵板。这样两区蜜蜂在箱内不能通过中隔板从一区到另一区，偏集是蜜蜂飞出箱外归巢时错飞到另一区造成的。蜜蜂飞出归巢时常有偏强特性，箱内又不相通，只会越偏越重。

针对上述现象，把蜂箱中隔板换成立式隔王板，问题便解决了。这样越冬期两区蜜蜂能通过隔王板传递饲料，即使一区饲料所剩不多也能吃到另一区的饲料。

春秋繁蜂期间，从箱外看偏集现象还在发生，但蜜蜂能通过隔王板自动调节两区蜂量，饲喂幼虫，达到蜂脾相称。但要注意越冬期两区最好用同龄蜂王，如一老一新，断子囚王时应只囚新王不囚老王，采取老王区只留一两张脾，把其他脾提入已囚新王区，到越冬放王时再调整两区蜂脾，以免因囚王而失去老王。双王群因有两只蜂王产卵，春秋繁蜂期两区蜂量多于两区脾量，即蜂多于脾，繁蜂效果好。如用于交尾就应换成隔堵板。

（山西五台县东冶镇望景岗村，035503　方俊海）

越冬前囚王不可放王太晚

张师傅养蜂数年，囚王放王用的不多，考虑到囚王断子确实有好处，在

2005 年 9 月 22 日把 17 只蜂王全部囚了起来，使 15 群蜂全部停产，喂越冬饲料。到 10 月 20 日后气温还很高，检查一下，被囚蜂王都很正常，饲料也足够越冬之用。于是决定过几天再放王，越冬前因放松了管理，有了麻痹思想。

直到 11 月 14 日查看蜂群，才发现因气温下降太快，使被囚蜂王脱离了蜂团，17 只蜂王冻死了 13 只，因缺乏经验，没有保温处理，死蜂王全部丢掉了，一个也没救活，真是可惜。到 11 月下旬，气温渐冷，没有办法，只好无王越冬。

而无王越冬蜂群不安静，蜜蜂死伤多，可这个时候到哪里也找不到蜂王，只好硬着头皮等到来春。到 2006 年 3 月蜂损失大半，只好合群处理，洋槐、枣花滴蜜未收，还喂了 1 袋糖。真是一步大意，前功尽弃，一年的蜂都白养了，希望蜂友能吸取他的教训。对养蜂者来说一年之计在于秋，可马虎不得。

（河北深州市大屯乡祁刘村，053873　潘振堂）

双王群与单王群效益对比

以春繁为例，同等条件，相同措施，双王群与单王群相比，均为倍数差。

1. 加脾　双王群 1 次能加进 2 张空脾，单王群 1 次只能加进 1 张空脾。
2. 产卵　双王群能产 2 张子脾，单王只能产 1 张子脾。
3. 加继箱　双王群比单王群早 10 天加继箱。
4. 经济效益　双王群是单王群的 2 倍。

同样多的蜂箱，同样大的空间，养双王群蜂王的数量多一倍。

鉴于庭院养蜂地皮有限，还是养成双王合算。

（河南登封送表刘楼，452484　康龙江）

金矿附近不宜设蜂场

我越冬时蜂量在 8 框以上（继箱越冬，均为单王）的蜂量，但好景不长，到春繁，蜂一直往外爬，死蜂吻伸出，似中毒现象。春繁整巢时，每箱蜂量下降为不足 3 框。一脾开繁，蜂还是老往外爬而亡。我将"蜂百克"、

"爬蜂康"两种药交替使用，按说明书用量来治疗这种爬蜂病，连治两个疗程没什么效果，到去河南淅川老城去采油菜蜜时，每箱蜂已不足半脾蜂。

可到达油菜场地，爬蜂停止。我思考再三，想到这与10年前有人曾在蜂场附近开采过金矿并把矿渣清化，下雨后从洞内或矿渣上有污水流进小河沟，蜂采水食用中毒而亡有关。2005年越冬时我将5个继箱强群有意运往矿场附近进行试验。结果死亡情况如前述。2006年出场时，蜂量均为不足半脾蜂，到新场后再没有外爬而死的现象。

试验虽付出了一定的代价，但获取了经验，凡过去或现在开金矿的地方，千万不能设立蜂场，尤其是越冬或春繁时更不能去。因为这时蜂死一个少一个，没有恢复的可能。蜂友们一定要引起注意，否则损失将是巨大的。

（河南西峡职专，474550　陈学刚）

用塑料桶喂蜂效果好

在蜂场的背风向阳处，根据蜂群数量，挖一个10厘米深的浅坑，衬上塑料薄膜，放上半块砖，再放入漂浮物。砖上放一个装食品用的塑料桶，装满水，把医用点滴的塑料管插在塑料桶底部，用来调节水的流量。保证坑里有一定数量的存水。在水坑的一角放一个用棉布包着的食盐供蜂自行采集。

塑料桶透明能吸收热能，使水温升高，不易冻死蜂，又能看见桶内的水量和水质情况。30~50群的小型蜂场如果用装5千克白酒的塑料桶，一桶就可够一天用。

（黑龙江拜泉县爱农乡新士村，164725　王汉生）

飞翔蜂偏集的处理方法

在养蜂生产实践中，经常会发生因环境和人为的影响，有些蜂群的外勤蜂偏离原群飞入邻近的蜂群中，造成群势强弱悬殊，影响蜂群正常繁殖。现将蜂群飞翔偏集的原因及处理方法分述如下。

1. 早春排泄偏集　蜂群经过越冬期，突然获得暖和的天气，大量出巢飞翔，在定向力弱的情况下，容易出现偏集。纠正方法：可以直接把偏集群的蜂调补给弱群，暂时把带蜂的巢脾放在隔板外侧。

2. 大风天偏集　大风天，采集蜂经不住风力，归巢时迎风飞，往往偏集到上风头的蜂箱里，一般是刮东风往东边的蜂群偏，刮西风往西边的蜂群偏，因此排列蜂箱时尽可能不要紧密地排成一字形，应该以 2～4 群为一组，或摆成不同方向，除此之外，在风大容易偏集时用障碍物遮挡上风头偏集群的巢门，若出现严重偏集，在外界蜜源条件好的前提下，可以把偏集群和偏弱群相互换位。

3. 换箱偏集　在换箱时，由于换上没有本群蜂巢气味或不同形状、颜色的新箱，蜜蜂也容易偏集到附近的蜂群。在这种情况下，要暂时关闭偏集群的巢门或在其巢门前设置障碍物，待外勤蜂习惯出入偏弱群以后再恢复偏集群的正常巢门。

4. 转入新场地出现偏集　转地放蜂时，蜂群在车站卸车放蜂或入新场地初次飞翔，易发生偏集现象，将偏集群和偏弱群互换位置，或把偏集群的老蛹脾带蜂调给偏弱群。

（山东招远市农牧局，265400　杨秀禾）

养蜂场应注意捕打蜻蜓

夏天，在我国南方的大部分地区，蜻蜓对蜜蜂的危害都比较严重。在晴天，很多时候都能看到蜻蜓在蜂场上空寻捕蜜蜂，特别是中午幼蜂试飞时，很多蜻蜓都从周围飞到离蜂箱很近的空中，捕捉从蜂箱中涌出的蜜蜂。

打蜻蜓可以用一端捆有竹条或小树枝的竹扫帚，一定要等蜻蜓飞过后，从后面打去，才容易打着。由于竹条和小树枝都不容易捆好，捆好后又容易打坏，因此，可以用一根 2 米长，直径 3 厘米的慈竹，用来打蜻蜓就更容易了。粗的一端去枝，细的一端留适量枝条。注意，枝条不能过细，过细过长，打不快，也会打不着蜻蜓；枝条短了也不容易打着蜻蜓。实践以后，都能很快掌握。

（重庆市铜梁县人民检察院，632560　刘邦友）

中蜂饲养小经验

　　业余中蜂饲养者最怕意蜂盗中蜂。其实中蜂、意蜂也是可以混养的，只要平时检查、饲喂时多加注意，缺蜜时期将多功能巢门中的中蜂隔王巢门关住即可防止意蜂抢盗，最好在傍晚饲喂时将巢门前加装一个纱罩门，不让工蜂出巢乱飞。如果喂养中蜂使用的脾巢尺寸和意蜂巢脾尺寸相同，可把意蜂的老巢脾从上面第一根铁丝处将下面的巢脾割下，用刀子把下面两根铁丝上的蜡仔细刮干净。让中蜂群接着修造新脾即可。这样利用意蜂老巢脾主要有两个好处，取蜜时巢脾不易损坏，可节约一定的巢础费用。中蜂群在取蜜时巢脾很容易被甩坏，这个方法可有效地解决这个问题。

　　不能在蜂群发生分蜂热时用这种方法造脾。最好在春繁紧脾后加第一张脾时就用这种巢脾让工蜂修造新脾。当加入这种巢脾出现雄蜂房时就应停止让工蜂修造，改用没有雄蜂房的半新巢脾让蜂群繁殖。

（重庆市忠县乐天路 10 号付 2 号，404300　张晓卫）

谈谈自然换王

　　蜂王该不该换，什么时候换，由蜜蜂自行为事的，叫做自然换王。

　　野生蜂群都是自然换王，这是蜜蜂亿万年遗传下来的传宗接代的本能；人工饲养的蜂群也有这种本能，所以说，有时候也有出现自然换王的现象。根据经验，豫西山区出现自然换王的时期多在荆条流蜜过后的 8 月中下旬。这个时期，当你发现巢门前有老王尸体被拖出，表明该群已经出了新王，或是自然王台已经成熟。老王拖出表明蜂群在自然换王。这个时期，当你检查蜂群，发现老王群造了自然王台，并且台内已经产下卵，或王台已封口，这也表明蜂群欲自然换王。处理办法有两种。

　　（1）留一个大而端正的王台，其余的王台和老王一律除掉，让新王出来替代老王。

　　（2）老王和王台全部淘汰，将备用新王扣进铁纱王笼，挂到蜂群中间，

· 109 ·

工蜂接受后，再将新王放出，以新换老。

让蜂群自然换王，也是换王的一种方法。此法对养蜂新手或无法移虫育王的老者不失为一个简单解决问题的办法。

（河南登封送表刘楼，452484　康龙江）

"凸形"蛹房的见解

繁蜂期检查蜂群时，不断发现封盖子脾上有或多或少的"凸形"蛹房，此种蛹房比其他蛹房高出1.5毫米，当它羽化成蛹时，工蜂便把它的房盖咬掉，露出蛹头，叫作"白头蛹"。此种蜂蛹是废品，这是老蜂王或劣质蜂王在产卵时把未受精卵产在工蜂房里的原因，在羽化过程中，由于雄蜂幼虫体大，所以工蜂才把它的巢房加高成"凸形"。

优质新王大多不会出现此种情况。当蛹生长至一定阶段，识别出是非正常卵，便咬掉此种蜂蛹房盖，是清除非正常蛹的有益表现，只有把非正常蛹清除了，蜂王才能重新再向工蜂房里产下受精卵。

（河南登封送表刘楼，452484　康龙江）

一种简便的架蜂法

我发明了一种简单的架蜂方法，定地转地养蜂都适用。

取4根长45厘米、宽5~6厘米的竹片，先在竹片上端1厘米处钻一个孔，用螺钉把竹片钉在蜂箱侧面（大盖下）与蜂箱垂直，再于蜂箱底板的位置钉一个螺钉，对着螺钉的位置在竹片侧边开一凹口，使螺钉正好嵌在凹口中，然后将螺钉绕上一小段16号铁丝，另一端在竹片上绕一圈即可。其余3块竹片同样钉好绑牢。转地时只要将铁丝用手解开绕竹片的一端，将4块竹片分别绕到蜂箱侧面大致与蜂箱水平的位置，同侧的2块竹片靠拢在一起，用细铁丝捆住，便固定在蜂箱侧面。因竹片的长度不超过箱盖宽，不超过蜂箱长，所以，在箱侧不影响蜂群管理，正好在两蜂箱的空隙中，不需另外安置，十分妥贴。

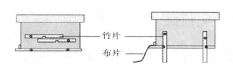
竹片
布片

这种架蜂方法对中蜂、意蜂、转地、定地都适用。意蜂在架好后要在巢门踏板前用图钉钉上编织袋片垂下至地面，以便于蜜蜂爬行。竹片的下端用柴油浸泡，既可防腐，又可防蚁。

（江西南康市黄金区坛东镇芦箕村下屋，341401　李坊铭）

箱外悬挂法储存多余蜂王

每到交尾换王时的老王弃之可惜，用交尾群保存不合算。笔者数年来采取箱外悬挂法将换下的蜂王储存起来，办法如下。

将换下的蜂王用铁纱王笼囚入，一王一笼，不带工蜂，将王笼用细铁丝系好，再将一次性纸水杯底朝上，口朝下，用铁丝穿过杯底中央即可。把带有王笼的纸杯吊挂在箱外巢门口上 10 厘米处。纸杯起避风雨日晒的作用。由于蜂王散发有特殊气息，自然会吸引许多工蜂集聚，对蜂王进行饲喂。因为王笼在箱外，工蜂不会集聚很多，一般多则一二百只，少则二三十只。无论白天晚上，不必担心笼内蜂王饿死。这种储王法适用于外界气温在 15℃以上。

（四川罗江县金雁南路 82 号，618500　高先沛）

从收捕野生蜂群得到的启示

黄土高原沟梁纵横，经雨水冲刷形成了许多自然土洞，为野生中蜂造就了很好的适合它们居住的巢穴。到目前为止，在一个村里，从我们养蜂开始，共收捕野生中蜂 33 群（自然形成的土洞，当然会有大有小，从收捕的野生蜂群来看，有一半都是强群。凡是强群土洞内的空间就大，中蜂选择的蜂巢多是坐东向西，坐西向东，坐北向南，从来没见过群蜂是坐南向北。蜂巢离开地面 10 米以上，平地蜂巢没有见过，虽然平地也有不少土洞，但没见过蜜蜂选择平地土洞作巢。

中华蜜蜂在野外繁衍生息有强大的生命力，我们难改变它的生活习性。所以，我们在箱养中蜂时必须了解它本来的生活和生存条件，尽量符合它的要求，就能让蜂群发展壮大。

中蜂箱养场地选择为首要

我开始箱养中蜂已 40 多年，从失败中总结经验教训，从收捕野生中得

· 111 ·

到启示是，饲养中蜂必须要给它一个良好生存环境。场地的选择为首要条件，没有一个良好的场地很难养好中蜂。我们选择场地必须符合中蜂在野外的生存条件，才满足蜂群发展的要求，蜂群才能发展壮大。场地必须利于蜜蜂飞行方便，不能受热，一般场地离地面 10 米以上为适宜，并且要有树荫，这样的场地最为理想。接地摆放，夏日曝晒使在箱中的蜂群很难发展好。许多人认为，养强群很难，至不可为。其实只要各项措施管理到位，特别是场地符合中蜂生存条件，中蜂饲养强群获得丰收完全可以实现。

（山西潞城市合室乡西坡村，047500　王进国　王付义）

快速清除隔王栅蜂蜡

在流蜜季节，蜂群会在箱内空处造很多赘脾，隔王板上也会有很多赘脾。时间长了，隔王栅的蜂路所剩无几，给蜜蜂上下继箱造成很大困难，会严重影响蜂群的蜂蜜产量。清理隔王栅是费时费力的事情，用刀刮只能刮除隔王栅两面的蜂蜡，隔王栅竹条之间的蜂蜡很难清理。我曾向蜂友请教过处理方法，如用开水烫，结果一壶水只能烫两块，不是很理想。有一次化蜡时想到用化蜡的大锅蒸，试验后发现效果很好。具体方法是在大锅内加满水，把隔王板平放在锅上，一次可摆放几十片。放好后用塑料筒套上压好，上边留一小通气孔，就像一个大蒸笼。用旺火烧开锅后继续烧 15 分钟，再用树条稍打隔王板四周，使已融化没有滴落的蜡液滴下。这样做的好处是能一次大量处理隔王板的同时还能进行消毒。

（内蒙古兴安盟扎来特旗五七农场第四生产队，137629　杨柏成）

如何在检查蜂群时少挨蜇

1. 正常情况下蜜蜂不蜇人　风和日丽的天气，外界蜜粉源充足的时候，蜜蜂采蜜飞出飞回忙个不停，这时蜜蜂不爱蜇人。蜜源越充足进蜜越多，蜂就越温和。在荆条大流蜜期间我取蜜都不戴蜂帽。

2. 避免蜜蜂蜇人　工蜂出勤前和下午归巢后，老蜂警惕性特别强，此时如粗手粗脚去开箱容易被蜇。阴雨低温和久雨初晴天蜜蜂易发怒；外界蜜源缺乏或中断时，蜜蜂警惕性高，特别是中蜂，只要走近蜂巢，马上迎面发出攻击。另外，蜂群受到强烈震动，蜂群失王时，蜂群内情绪不安，蜜蜂易发怒；有一些气味如辛臭气味和葱蒜味，以及化装品气味容易引起攻击；手上沾有汽油柴油味最易受到攻击；此外，黑色或毛绒的衣物以及头发都易引起蜜蜂发怒。

3. 采取措施预防蜂蜇　早晚及缺蜜期少开箱；查蜂前洗去身上的汗味，尽量穿浅色衣服；尽量在不适合开箱的时候少开箱，多作箱外观察；开箱要轻稳，看见蜜蜂发怒轻轻喷几口烟。

（湖南耒阳金杯路 5 号铁五局院内新 8 栋 5 楼康健蜂场，徐传球）

如何培育王台

浆型蜂种育出个体大的处女王困难较大，原因是台碗内浆多，台基长，导致幼虫在封盖前后掉落，出现侏儒王，笔者经多年实践摸索了一些简便而且效果较好的方法，介绍给大家。

选取台口径为 0.9mm 的塑料台基，不采用强群作育王哺育群。育王时多育一些王台，必要时根据群势在育王框旁加产浆框同时产浆，待移虫后 50~55 小时，将育王框提出，轻轻将蜂刷掉，然后将台基口朝上，用锋利的刀片将台基加高部分全部割掉。再重新将台口朝下放回育王群内。哺育蜂会立即修复台基口并加高，直至封盖。经过割台基后封盖的王台明显短于不割台基口的王台。在分台时，因为塑料台基能清楚地看到里面处女王的情况，所以可以预先进行挑选，这样出房的处女王个体较大。

（江苏无锡马山蜜蜂种王繁殖场，214092　王志红）

花粉饲喂器

我发现浆条碗式的使用效果好。即用采浆所用的长 37.5 厘米，一排有 32 个王浆碗的王浆条用来装花粉效果最好。

若用整条王浆条装花粉，花粉框依蜂脾放在边脾位置，一年四季均可使用。若按蜂箱内径高度截成条装粉后可以竖立，依蜂群态势放置牢固即可。

若春繁使用也可截成20厘米左右的长度装花粉后平放在框梁上，无须放置附加物即可盖上覆布，供蜂群采食。至于放多少条，可根据蜂群内蜜蜂数量确定。使用这种浆条碗式饲喂器喂花粉，优点是可长可短，可多可少，可前可后。能随心愿灵活使用。既不浪费饲料，得心应手，又拆装方便，效果极好。

花粉硬度的配制。最好用结晶蜂蜜与花粉和成花粉泥，硬度以不变形为准。这种状态对蜜蜂来说最合适，可以减少蜜蜂饲喂的工作量。进而可以减少蜜蜂的死亡率。

（河南禹州花石夏庄村，461691　夏启昌）

中蜂饲养新法

不少养蜂朋友都用意蜂箱，可多数都是按照意蜂饲养模式饲养。饲养效果因种种原因不甚理想。近来，我也采用意蜂蜂箱养中蜂，但改小了巢框，改变了巢框方向，取得了很好的效果，现介绍给大家。

改意蜂脾饲养中蜂是将原来的意蜂巢框截去一部分，使其成为35厘米×20厘米的小巢框，用它来饲养中蜂。因巢框较小，中蜂能布满脾框，不但好看，而且在管理和检查蜂群时也极为方便。小脾框在箱内必须横放。

脾框小而精，在蜜蜂少的情况下，只要是蜜源充足，蜜蜂筑造新脾积极性较高，很容易达到蜂多于脾的密集状态。

由于中蜂没有单独的贮蜜脾，蜜源充足时，可拉宽脾距，使贮蜜区的巢脾增厚，以增加蜂蜜的贮存量。

如果是自制蜂箱，箱壁可加高5～10厘米。也可加浅继箱摇蜜。蜜源充足时，随手把小赘脾粘在新框上，可促蜜蜂造新脾。由于中蜂全年都要保持蜂多于脾，所以，要多造新脾，促蜂王多产卵。摇蜜时，由于巢脾高度与标准框箱同，所以只要把梁上的贮蜜用刀割去，再把过于厚的蜜盖部分割去摇蜜就行了。中蜂摇蜜不能穷尽，只能取其盈余，不可使蜂群产生缺蜜的恐慌。中蜂摇蜜前最好运用敲打蜂脾的方法脱蜂，由于中蜂体小灵敏，中蜂的抖蜂动作完全不同于西蜂。故不适宜采用直接抖蜂法脱蜂取蜜。

（河南禹州花石夏庄村，461691　夏启昌）

蜂群室外越冬泡沫包装效果好

石楼县位于山西吕梁地区西南面，全县养蜂业已成较大规模。就蜂群越冬来讲，分室内和室外越冬两种。室外越冬大部分用麦秆或柴草做保温物越冬，效果不错，但是弊病也不少。去年我们在室外越冬时利用泡沫板给蜂群包装做了试验，试验的两户共 86 箱蜂，用 3 厘米厚的泡沫板分别底部垫一块蜂箱两侧面和后边各一块，保证和箱体靠严，用胶纸将其固定。高低以箱盖盖好为准。通过试验观察，越冬效果良好，没有一箱失败。有以下几个突出特点：①饲料消耗和柴草包装越冬基本一致；②没有出现剥皮死亡现象；③避免老鼠侵害；④春季繁蜂不用动包装，能应对气候变化，利于群蜂发展；⑤需加大通风力度，每箱蜂只用 10 元钱就可用 10 年以上，既经济，又方便，效果比较明显，望蜂友们不妨一试。

（山西石楼县养蜂协会，032500　张建武）

自制饲喂器

蜜蜂饲喂器是饲养蜜蜂的必备工具。它的种类多种多样。饲喂目的不同体积有大有小。下面我介绍一种简易的饲喂器，可于饲喂量较大时期使用。

取干净的方形塑料瓶。用快刀将长方形塑料瓶四面中的一面小心割去，拧好瓶盖。把小木棒截成与巢框等长的尺寸，用以挂瓶。在瓶子边缘钻孔穿线。把割好的瓶子横放并从上到下挂起来。

强群可用挂 3 个瓶子的饲喂器。弱群可用两个瓶子。若是有扁形塑料酒瓶，一个就够了。一个这样的饲喂器能装 2 千克糖水。

使用方法是横放瓶子，上下摞 3 个，瓶子间留一定间隙，并在槽内放一上泡沫塑料，避免淹死蜜蜂。

此饲喂器的特点是简单方便不伤蜂。傍晚饲喂不起盗蜂。最适合山区业余养蜂者和小型养蜂场制作和使用。

（河南禹州花石夏庄村，461691　夏启昌）

解决蜂王不上新脾产卵的方法

蜂王不爱上新脾产卵主要有以下 3 种情况。

（1）老蜂王不爱上新巢脾产卵。

（2）用塑料巢础造的新巢脾在第一次使用时蜂王不爱上脾产卵。

（3）使用劣质巢础造的新脾，蜂王不爱上脾产卵。

针对这个问题，我试验用移虫针将蜂王不爱产卵的巢脾两侧及中央移上几个幼虫（数量可多可少，多些效果更好），诱引蜂王上巢脾产卵，第二天开箱提脾检查，发现蜂王已上脾产卵，之后，我又用这种方法验证了几次，进一步证明，这种方法很有效，因为用塑料巢础造的新脾第一次使用时不容易被蜂王接受，但在产过一次卵后就没有问题了，希望蜂友们验证。

（辽宁葫芦岛市建昌县头道营子乡碾子沟村二组，125324　戴长林）

中蜂借脾改活框饲养方法好

中蜂活框饲养管理，能大幅度提高产量。近年来中蜂有较大的发展，春末夏初山区有不少分蜂群飞到屋前、屋檐下或树上，农户将其收回，若用老法饲养，实在是落后了，应改活框饲养。

怎样才能快速改成活框饲养呢？正确的作法是：向他人或他群，借来快速改成的巢脾，脾上有正在出房的幼蜂，至少 1 张巢脾，放在西蜂箱内中部，视蜂多少，两边添加活框，供造脾使用。因脾上有子、有粉、有蜜，给蜂群创造一个良好环境，蜂就不会轻易飞逃。这样不但改活框饲养而且能很快发展成为一个强大的采蜜群。

（河南西峡职专，474550　庞双灵）

生石灰可除蜂箱内潮湿

蜂箱内常因各种原因出现潮湿现象，湿度过大易导致蜂群患病，所以，必须及时去除湿气。我的办法是将小块生石灰放入蜂箱内后下角。生石灰有很好的吸湿作用，会慢慢吸收箱内的湿气，同时还能起到消毒作用。

（北京房山区河北镇三十亩地村，102417　王奎月）

粉脾及空脾的保存

　　每个养蜂者都有自己保存粉脾和空脾的妙招，用硫磺熏是最普遍的作法。我的方法是将粉脾从箱内提出后放入冰柜速冻几小时，拿出用报纸包严。因为报纸有较强的吸潮性，能起到一定的防虫作用。我用此法保存的空脾和粉脾从未遭巢虫啃食。

（吉林东丰圣力蜜蜂园，136300　蒋志刚）

割脾移虫法

　　老年养蜂者因眼花移虫育王有困难。房孔小而深，移虫针伸进去很陡，与房壁夹角不到30°，很难挑起幼虫，速度慢还会伤及幼虫，影响成功率。割脾移虫就方便多了。先选择一张适龄幼虫集中幼虫脾，要将幼虫所在的巢房割掉2/3房孔。这样房孔变浅，移虫针与房壁夹角可达70°。可轻松地将幼虫挑起。就像在平地用铁铲铲砂子一样。割坏的巢房很快就会修复，也不会改成雄蜂房。

（湖南湘西自治州气象局，416000　邢汉卿）

养蜂机具篇

编织袋收蜂法

繁蜂季节蜂农常遇到蜂群飞逃的问题。落在低处还好办，用手拉住树枝直接抖入蜂箱即可。不适合抖落的可用巢脾接入。多数飞逃的蜂群结团于高处，不方便攀登上去收蜂。可找一根长竹竿，在一端固定一个粗铁圈，直径不小于40厘米，在铁圈上缚一条编织袋，对准蜂团一撞，蜂团就落入袋中。收下的蜂团如果距离蜂箱较远，可将编织袋口拧一下带回再抖落到蜂箱中。本人养蜂多年，用此法收落在高处的蜂团效果非常好。

（黑龙江拜泉县兴国乡保胜村四组，164711　王晓春）

透明蜂王笼结实又实用

我将装冰糕的筒形塑料膜改制成透明蜂王笼。我觉得此王笼有五大优点：王笼细长，蜂王在笼里可自由活动；笼子细长，空间较大，笼内能存数量较多的工蜂，这样蜂王能受到更好的照顾；养蜂者可透过塑料膜看蜂王的状况；由于蜂王在越冬时伺卫蜂多了，就能更好地保护蜂王；养蜂者有了健康的贮备蜂王，蜂群春繁就有了保障，春蜜丰收就有了希望。制作方法是在筒形塑料膜自底部向上10～15厘米处剪断，在筒上烫出工蜂刚好能出入的小孔。使用时，把蜂王抓入用细铁丝系上口即可。

（河南禹州花石下庄村，461691　夏启昌）

巧用挂钩弹簧防盗蜂

秋繁奖饲时最重要的是防盗。有一种最简单的办法，就是将蜂箱上的连接挂钩弹簧取下，在清晨蜂未飞出时将弹簧翻平一圈的一头插入巢门里，翻平一圈加上翻平的半圈的一头留在巢门外，再用巢门拉板卡住弹簧，因为弹簧内径只有9毫米，所以很轻松地容纳本群工蜂自由出入，有效阻止了外来蜂侵入，也就避免了盗蜂的发生。

（吉林东丰圣力蜜蜂园，136300　蒋志刚）

中蜂王笼与收蜂袋

自制中蜂王笼可用装阿司匹林的塑料药盒，烧红10号铁丝把盒子四周和底盖都烙出小孔就行了。阿司匹林的塑料药盒是盖能扭开的，使用起来很方便。

取一个编织袋，拆掉底线缝上尼龙纱，用时把蜂罩住，不会闷死蜂，收回蜂团解开口抖入蜂箱。

（山西晋城市马公镇二仙掌村，048002　张成楼　赵运生）

介绍一种活络蜂路隔

在蜂群包装工作中，固定巢脾的工作最为繁琐，而目前普遍采用的方法基本上都是用圆钉来固定，工作量非常大，不利于提高养蜂生产效益。笔者设计了一种活络蜂路隔，可以彻底解除巢脾固定工作，提高养蜂效益，其结构及使用方法介绍如下。

（1）本产品是用弹力不锈钢皮冲压制成，卡式设计，能够非常容易地卡在巢框横档的两头，一个巢框安装4个，一般是不用拆下，如果有必要拆下也同样简单，而且可继续使用。

（2）本产品碰触面是横与直设计的，也就是材料的厚度断面对碰十字形。这样设计使两巢脾之间只有4个点接触，减少了巢脾间互胶的几率，容易提脾。同时也最大限度地避免了轧蜂。

（3）本产品可以随意调节所需要的蜂路距，而且调节非常简单。

此产品设计已申请国家专利，同时产品模具正在开发阶段，正式产品很快就将批量投放市场。

（浙江慈溪市周巷镇段头湾村39号，315335　丁巨国）

保温隔板的制作

在春繁秋育的季节，由于昼夜温差大，气温低，影响蜂群繁殖，所以对蜂箱内部保温极为重要。很多养蜂者都自打草帘或隔板贴靠在内壁对蜂群进行保温，也有人将箱内填塞各种保温物，都能起到很好的保温效果。这些方法在保温的同时也给细菌提供了很好的温床，螨虫也有了藏匿的处所。笔者有一个更好的方法，不占巢箱空间，表面洁净又不利细菌生长。

先量好蜂箱内两大边的长短，若是标准箱，箱内大边长 465 毫米，高 245 毫米，用裁刀按尺寸把厚度为 6 毫米的塑料保温扣板裁好。做成巢框样，留出框耳。保温板中间排列整齐的 6 毫米气孔用不干胶把隔板两边的气孔粘住。光滑洁净，是春繁最理想的保温蜂具。

（吉林东丰沈后安装队，136300　黄孝恩）

杨鸿书连箱法

杨鸿书是北京房山人，是北京早期的一位养蜂者，养蜂几十年，虽然后来经营煤铺，可养蜂从未间断。

1953 年 6 月，我从广州运蜂回到北京，将蜂群摆放在北沟沿后开巢门时，巧遇小来巷杨记煤铺杨掌柜。看到了他简便实用的连箱法。当时，一般连接继箱是用 4 根木条钉钉子连接，很容易发生意外跑蜂，杨鸿书先生连接继箱的方法有些特殊，是在巢箱上方，继箱下方四角左右各钉一钉，钉子距箱口约 5 厘米，钉长 6 厘米，钉在巢箱上，留 1 厘米钉头，使用时，以对角线方向用铁丝绕上几圈后用剩余铁丝在其中一根铁头上绕几圈就好了。

当时每户平均养 30 多箱蜂，火车允许在行李车上装载，每趟列车可装载继群 40 个。停车两分钟，五六个头戴蜂帽和防蜇手套的装卸工快速抢运，拿着绑箱的绳子，肩上一扛就走，如果扛在继箱与巢箱之间，就要考验连接木条的承受力了，松动错开是常有的事，这种野蛮装卸也是出于无奈，因为要在两分钟内装卸 40 个继箱群。杨鸿书连接法无论马车载运，毛驴驮运从未发生过事故。这虽是个土办法，却安全可靠，方便实用。

谈转运卡脾

从理论上讲，每个巢脾的蜂路 10 毫米，卡脾的木卡每个 10 毫米。但实际上除了大型蜂具厂机械化生产的蜂箱、巢框外，一般农村养蜂户大部分委托当地木工制作。相当一部分是自己动手做蜂箱，因此蜂箱误差不可避免。如果用正规 10 毫米木卡，使用起来感觉不方便。就算木卡有宽有窄，使用起来仍然会松动。1953 年我从广东带蜂转运回京，遇见房山老养蜂家杨鸿书，他卡蜂除用木卡外，还准备了用自行车外胎剪成的长条，摺三摺的胶卡，因为自行车外胎是橡胶制成，有很好的弹性，有些小误差，能很好地保证蜂群转运安全。

（北京白广路二条 10 号 602，100053　赵国英）

热水法埋线效果好

用齿轮埋线器埋线时，使用中齿轮上会渐渐沾满蜡，埋线效果越来越差，必须清除蜡质后再用，才能保证埋线质量，否则，不仅铁丝入础浅，巢础与铁丝易分离，巢础还极易损坏。清理齿轮上的蜡很麻烦，我采用浸热水的办法能节省时间，操作又方便，埋线效果好，操作方法是准备一碗热水，每埋完一根线，将齿轮放入碗里浸一下，这样齿轮就不会沾上蜡了。

（湖北秭归县归州镇彭家坡村六组，443601　彭华忠）

饲喂器改进小建议

目前我们使用的饲喂器必须水平摆放在蜂箱内。而在实际生产中，蜂箱一定要前低后高，以便箱内废物容易被拖出，脱粉更需要倾斜。傍晚喂蜂时已经很小心了，糖水倒进倾斜的饲喂器，还是有糖水从箱里流到地上，浪费了白糖，又引起盗蜂。

因此，我建议改革老式饲喂器。方法很简单，就是把原来的饲喂器任何一端向下移 1.5 厘米。只要在原来模具饲喂槽柄的位置改一改。改变后可大大方便蜂群饲喂，可避免养蜂者在晚上喂蜂时糖水流出饲喂器。

（福建厦门海沧富里 406 梯 1005 室，361026　林希权）

自制简易养蜂器具

自制喂糖盒：用长 46 厘米、宽 30 厘米的彩条布或广告布折叠成上口 46 厘米、下底 16 厘米、高 15 厘米的船形斗，把开口朝上的一面钉在隔板上就成了一个饲喂盒。不用时向边上一推，省钱省空间且容量大。

自制胡蜂拍：用 8 号铁丝做成直径 25 厘米的铁圈，留出 30 厘米作手把。给铁圈做一个 30 厘米长的网罩，不管胡蜂落地还是在空中，轻轻一扣就能捉住。

（陕西周至县九峰乡胡家村，胡景彦　710403）

箱底饲喂器

饲喂蜂群常用的方法费工费时，极易引起盗蜂。现介绍一种利用箱底喂蜂的方法，这种方法省工省时又不易引起盗蜂。

将 1 千克蜂蜡放入锅内文火煮化，用一把新油漆刷蘸蜡液涂在巢箱底内侧，四壁涂一层 3 厘米高的蜂蜡层。并使巢门口隆起 3 毫米高的一堵蜡墙围堰，避免糖浆从巢门口流出。

这样，蜂箱底就围起了一个 38 厘米 ×48 厘米 ×0.3 毫米的蜂蜡槽。

每次喂蜂时，将 0.5 千克糖浆直接由巢门注入蜂箱内，也可揭开大盖从箱口倒入，注意不要过量，以防将蜂淹死，若一次饲喂不足，隔 1 小时后再喂一次。

若糖浆不慎倒多从巢门口溢出，则将巢门一方略微垫起一点。

仿瓷涂料经久耐用

仿瓷涂料粉又叫双灰粉。在仿瓷涂料粉里加上猪血反复搅拌搓打，直到有很强的黏性即可用来填补蜂箱洞隙。待其充分干燥后，可用铁砂布打磨光滑。此材料需要随用随和，时间稍长猪血发酵即失去黏性。如果没有猪血，里面加上胶水也行，都具有同样效果。用它填补蜂箱使用三年不裂缝、不脱落。

（四川宣汉县柏树镇新街道 78 号，636162　胡家盛）

蜂箱号牌的制作

以前，我是用油漆在蜂箱上写号码，先后用过黄色、绿色和红色油漆。这些油漆写的号码过不了几年就脱落得面目全非，无法辨认。我所使用的蜂箱大盖都是用镀锌铁皮包盖的，有一个箱子的铁皮上用炭素笔写着镀锌铁皮在出售时的长度和规格。时隔 20 多年仍非常清晰。去年夏天我出于好奇，将字迹喷水反复擦洗，其墨迹依然无恙。为此，我又用炭素笔在镀锌铁皮画了几个标志，并在蜂箱大盖四周写了几个箱号，20 多天后我用湿抹布反复擦试，未见丝毫变化。于是，我就把镀锌铁皮剪成 10 厘米×10 厘米的方形铁片，在两侧或上部打眼，用炭素笔写上编号，用小钉固定在箱体上，此法虽然比直接用油漆写在箱体上麻烦，但有很多好处。

（黑龙江黑河市罕达气镇四道沟村，164343　谷　芳）

几种蜂具的简易修理

1. 蜂箱　蜂箱使用年限过久容易出现裂缝与孔洞，尤其春秋两季不利于保温，又易出盗蜂。可把黄土掺上细沙或锯末，再掺入少量盐加水和成泥，装入塑料袋中，放在阴凉处备用，发现破损处用泥补上。

2. 隔王板　隔王板使用一段时间后会粘满蜂蜡，给蜜蜂通过造成障碍，如果用起刮刀刮，费时又易弄坏隔王板，可烧一锅水将隔王板放入水中轻轻一沾，蜡即溶化，省时又消毒。塑料隔王板放入水中的时间不要太长，以免变形。

3. 饲喂器　塑料饲喂器加满糖水后，常因糖水比例失调容易在槽底出现大量结晶，不要用木棍敲击槽底，以免硬碰硬将槽底击坏。可将饲喂槽倒过来，用槽帮往容器里轻轻一磕就下来了。如果饲喂器出现孔洞，根据孔洞大小剪一块硬塑料，用干净的塑料布作粘合剂点燃滴在孔洞四周，再粘上剪好的硬塑料即可。

4. 蜂帽　有的蜂帽戴在头上会被风吹得摇摇晃晃遮挡视线，可买一段松紧带，与面网平行缝在帽子里边 1/2 处，用时挂上就解决问题了。

（黑龙江黑河市 47 号信箱 31 号箱，164300　孙善成）

巧做加长越冬王笼

买宽 1 米的铁窗纱，用米尺平均分成十等份，每份宽 10 厘米，用铅笔画线，用剪刀裁断，再将每块片长 1 米、宽 10 厘米的铁纱沿长边平均分成六等份，使每份长约有 16.5 厘米，铁纱沿长边平均分成 6 等份，画红线，并沿红线裁断。这样，所买的铁纱可平均分成 60 块长 16.5 厘米、宽 10 厘米的长方形。每块铁纱用两手沿长边卷成圆柱形，在断头重合 1 厘米，再用小铁丝在圆柱体表面两端 1/4 处各绕两周，将铁丝两端扭紧，然后将圆柱形两端沿重合处捏扁，并卷起 1 厘米，一个长约 15 厘米的圆柱形铁纱王笼即做成。冬天，用两根小铁丝将关好蜂王的王笼挂在蜜脾中间，由于王笼较长，不管蜂团怎样移动，都不会冻死蜂王。

（湖北团风县马曹庙镇马曹庙村，438000　徐子成）

编制玉米叶保温垫

在北方高寒地区春繁期，因蜂群弱放脾少，昼夜温差大，要对蜂箱内外进行保温。特别是箱内保温用树叶或碎草填塞时，既不方便管理又不卫生。笔者用玉米穗叶子编成的保温垫既方便日常管理和消毒，又能保证箱内清洁，可减少蜂群受病菌感染的机会。

选无虫蛀无霉变洁白的玉米穗叶子，用温水喷湿使其变软便于编制。保温垫的长宽按蜂箱内围长高的尺寸编制。保温垫的厚度可分 8 厘米、5 厘米、3 厘米不等。在春繁初期可用多个保温垫填塞蜂箱内空处。在蜂群需要加脾时可随时拿出一个保温垫。保温垫潮湿时可随时拿出晾晒。既经济又实用，保温效果相当好。玉米叶保温垫编好后用重物镇压晾干后即可使用。使用后收藏前要用硫磺粉点燃熏一次，既消毒又可防虫蛀，可连续使用多年。

（黑龙江拜泉县爱农乡新士村，164725　王汉生）

用头灯照明移虫效果好

我在 2003 年买了两箱蜂，开始学养蜂，那年我 69 岁，当年想移虫育王，戴上老花镜能看到的幼虫都是 3 日龄以上的大虫，24 小时以内的幼虫一个也看不到，没办法，只好采用双层铁纱隔离法育了 7 个王台，生产王浆就成了奢望。2005 年春已有 12 群蜂，利用强群生产王浆，在烈日下移虫，蜜蜂围着头脸蜇，费了九牛二虎之力才生产了 4 千克王浆。

2006 年春，我买了发光二极管头灯，6 节 7 号可充电电池，一个充电器，开始生产王浆，全年 14 群蜂生产王浆 15 千克，上午取浆，下午移虫，至日落前即可移完虫。

此外，我还利用蜂王产卵控制器和黑底色王浆条，控产器能提供大量日龄一致的幼虫，黑底色浆条在移虫时能让你更清楚地看到幼虫。现在很多老年养蜂者由于视力不佳无法生产王浆，这种方法可帮助视力不好的老同志成为快乐的养蜂老人。

（山东高密市河崖镇新赵庄，261500　王朝玺）

一种方便的喂水装置

给蜂群喂水是有经验的养蜂人十分重视的工作。尤其是在炎夏，喂水更是减轻蜂群负担帮助蜂群顺利度夏的重要措施。从我地养蜂人喂水的方法来看，有的用一个大盆盛水，上面放一些漂浮物供蜂群采水；有的将饲喂器放在空地上排成一片，装上水供蜂群采集；有的直接挖一个浅坑，上铺塑料薄膜盛水。以上方法都需要经常添水，挺麻烦，而且水易被污染，并不是最理想的喂水方法。我受市面出售常见的小鸡饮水器的喂水原理的启发，用一个底部破损的废塑料蜜桶加上一个大塑料浅盘组成一个较为省事和卫生的喂水装置，介绍如下：

在大塑料蜜桶底部的侧边打一个直径约 1 厘米的洞，将蜜桶放在大塑料浅盘上即可。加水时，打开蜜桶盖迅速倒入一大桶水，立即盖好桶盖（一定要盖好内盖，使其不能透气）。这样，桶内的水能通过底部的洞流入大浅盘中，供蜂群采集，当水漫过桶底的小洞，由于空气不能进入桶内，水即停止流出，直到水变浅露出小洞，方能继续流出。这样盘内始终只有一层浅浅的水，非常方便蜜蜂采集，不会淹蜂，也非常卫生。一次加水可用数天，非常省事。

（湖南江华县大路铺中学，425500　毛志贵）

喂水小工具

1. 材料　500 毫升广口瓶 1 个，不小于 10 厘米 × 12 厘米平板玻璃 1 块，干净的棉布 1 块（略小于平板玻璃）。

2. 用法　将棉布平铺在平板玻璃上，广口瓶盛满水后，倒扣在棉布上，放在蜂巢门前取可。

如果广口瓶内流出的水不够蜂群采集，可在瓶口的一边加垫粗 3 毫米的铁丝 1~2 根。

3. 特点　简单、方便、经济；直观，瓶中有水无水一目了然，便于及时加水，不淹蜂。

4. 注意事项　喂蜂用的水质要好，高温季节给水不宜过多。

（山东招远市蚕庄镇柳杭村，265402　刘华兴）

无础巢蜜盒制作法

（1）制作一个比巢蜜盒小 1 毫米的水泥压印器。

（2）水泥压印器的制法：取一块巢础，和好水泥，按比巢蜜盒小 1 毫米的尺寸拓印几个水泥巢础压印器，过 1 天水泥压印器有一定硬度后，磨去一部分水泥巢础上的三棱锥。

（3）制作一个晒蜡器，两个更好。

（4）按巢蜜盒用蜡量的多少，找一个小勺。

在巢蜜盒内压制巢础选用优质的封盖蜡，熔化后，每个巢蜜盒舀一勺蜡液，量的多少以水泥压印器在巢蜜盒内刚能压出六边形为宜。然后，以 30 个巢蜜盒为一组放入晒蜡器。如无晒蜡器，放入 80℃ 的水中，蜂蜡再次融化后，逐个取出巢蜜盒，趁热用蘸水的水泥巢础压印器压出六边形的巢房

129

底。然后巢蜜盒连水泥压印器一起放入冷水中蘸一下，取出压印器，一个有巢础的巢蜜盒就制好了。

建议组装巢蜜盒的巢框采用活动的下梁，并在框内侧垫一层海绵，借助海绵的弹力使组装的巢蜜盒更牢固。

（山西忻州市北义井乡安邑村，034016　杜耀华）

蜂箱大盖不钉油毡好

蜂箱大盖钉油毡虽能防雨，但其弊端是夏不防暑，受阳光暴晒油毡易吸收热量，同样条件下与不钉油毡的蜂箱相比，箱内温度相差4℃；渗入箱盖中的水分不易散发，加速木质腐烂，覆布大的尤为严重。几年来我采取以下措施收效很好。

（1）新做箱盖使用干透的木材，将15毫米厚木板分别裁出错口，用白乳胶粘牢，钉成后刷清油或调合漆即可。

（2）旧箱盖撕去油毡，将裂缝处脏物刮净，把裂缝内涂乳胶塞上适当大小的木条，用细锯末和乳胶抹严小裂缝，干后用砂纸打平刷漆。

（3）覆布按规定尺寸做，周边不要超出或把超出部分裁去，防止雨水腐蚀箱盖。

（吉林大安市江城东路88号，131300　王长春）

巧改蜂具

甜蜜事业，蜂事多多；掌握规律，进行改革；蜂友同志，精心琢磨；抓住难点，奋力突破；巧做蜂事，有你有我；省力增利，效益多多。

一、巧改工具便操作

蜂扫把一般用竹子做成，把的无毛一端用刀子削扁，将其装上块铁片，既是蜂扫又可作起子，在提巢脾时使用很方便，省去了既拿蜂扫又拿起刮刀的麻烦。

将竹制挖浆笔尾部削扁，挖浆时，发现王台内有蜡屑等杂物随时挑除，不用再放下浆笔寻找其他工具来清理，省时省力。浆笔如果是塑料做的铆上一小块铁片，可作清台器。

二、蜂箱蜂具巧设计

蜂箱蜂具的大小长短都有一定尺寸，有些是不能改变的，有些可根据需要灵活安排。首先，蜂箱的长度是不能变的，一变就会失去通用性，巢框巢础也都要跟着变。但是，宽度是可以改变的。可根据上梁和蜂路增减。现在，除了10框标准箱外，有为农作物授粉和育王需要而做的6框小蜂箱，还有为适合饲养双王群设计的12框方箱。还有根据场地情况设计的20框长箱。另外，做一个45厘米×45厘米×2厘米的方盘，挖浆移虫时用于盛巢脾，摇蜜时用于盛蜜脾和蜡盖，用完后，不必清洗，直接放入蜂箱内。

三、巧妙利用蜂箱内有限的空间

饲养双王群用塑料巢础做分隔板，箱内能多增加一框蜂的容量，能增强蜂群的调温能力，越冬节省饲料，春繁加快繁殖速度。用白铁皮把巢脾框上梁做成槽状，可用于春季饲喂蜂群，利于保温。

由于秋季蜜源缺乏，蜜蜂的群界性强，换王时介绍新王蜂群不易接受，可先不换，留待越冬时再将老王提出与新王群合并。那时，蜂群的群界性基本消失，合并很安全。这样做，能最大限度发挥老王的繁殖能力；两群合并利于越冬和春繁。

缺蜜源期摇蜜易引起盗蜂，可在早晨摇蜜，待蜂群活动后停止。

（山东招远市蚕庄镇柳杭村，265402　刘华兴）

地排车改为平板车运蜂真省力

东阿县孟村马树华常年小转地放蜂，运蜂车总是不能进入蜂场，距离有的几十米也有近百米的，装卸蜂箱很费力，几个壮劳力人抬肩挑，需一个多小时，还累得满身是汗。

马师傅是个养蜂家兼巧木工，爱动脑好思考问题，对装卸运蜂车如何节时省力动起了脑筋。他把农村废弃的地排车改装为小平板车。运蜂效果挺好，小平板车一次装6个继箱群，推到运蜂汽车旁，平移到汽车上即可。平时在小平板车上还可睡觉休息，作床当桌，随意方便。车轮、车架及平板拆装简便，易于随运蜂汽车转场。蜂友见了都说好，纷纷请马师傅也给做一个。马师傅希望通过刊物介绍给蜂友，广大蜂友若有兴趣，也做一个试用。

车轮 淘汰的地排车轮或装用新车轮，轮子直径 40～70 厘米。

车架 装在轮轴上，撑起车板，车架长出车轮半径 5～8 厘米。

车板 宽约 130 厘米，每边比车轴宽出约 5 厘米，车板长约 200 厘米，上面刨平，车板中点偏后固定在车架上，车板前头两侧各一条腿，与两车轮共同撑平车板，车板向前有两条把杆，长约 70 厘米。

（山东平阴一中江氏蜂苑，250400　江名甫）

简易脱粉器的制作

1. 材料　全塑三排眼脱粉片，47.5 厘米 ×1.5 厘米 ×1 厘米木条一根，2.5 厘米圆钉 2 个，图钉 4 个。

2. 制作方法　先将木条锯成 4 厘米长 2 段，用钉子钉成厚度为 1 厘米的方形木框；将木框平放在凳上，脱粉片以下齐为准，用图钉钉牢脱粉片的上沿和两端；摆放蜂箱要求前低后高，用木锉将木框两端的小木块下端锉成前高后低的斜角。

3. 使用方法　为使用方便，在巢门上方 10 厘米处，两边各钉一个圆钉，平时放置脱粉器。用时拿下。脱粉期不用每天启下门档，只启下蜂群出入一侧门扇即可。脱粉时轻轻将脱粉器依在门档前就行。

（山东济南市长清区崮山池西缘洲蜂场，250307　马玉森）

框线竖穿好

为了加固巢脾，多采用在巢框上横向穿几道铁丝的办法。在巢框两边条上各钻 4 个小孔，穿 4 道 24 号铁丝。如果在上下梁钻小孔竖穿铁丝，固定巢脾的效果会更好。因为，如果横穿，两边条必须坚挺铁丝才能拉紧，否则就会随铁丝拉紧而弯曲。边条弯了，铁丝又会松。竖穿铁丝就不需要拉得很紧，上梁用料大，承受力也大，不会变形。下梁不受力，也不会变形。

横穿框线即便开始拉得很紧，巢脾贮蜜育虫后，重量增加，再加上巢脾受热后会变软，巢脾随重力下垂，把上梁下边中间部分的巢房拉大，很容易形成几行呈新月形的雄蜂房。竖穿就像把巢脾挂在上梁上，不产生下垂。

在摇蜜时，铁丝与摇蜜机中的巢脾框部分形成十字交叉，减少了巢脾的离心力，巢脾不易折断，横穿铁丝在摇蜜时稍不注意，巢脾就会顺铁丝折断。

（山东招远市蚕庄镇柳杭村，265402　刘华兴）

人造海绵固定巢脾

现在大多数蜂场转场时，是用铁钉固定蜂箱两头：转眼、对钉、拔钉，需用很多时间，使用起来不很方便，为此，我做了一点小改革。用 3 厘米厚、3 厘米宽、25 厘米长的 2 条人造海绵放在框梁两侧，再压隔王板、继箱扣好蜂箱连接器。海绵起到了固定巢脾的作用，省工省时。有兴趣的蜂友不妨试试。

（江苏连云港市灌云县伊山镇郑庄村十组，222200　郑　金）

蜂群保温帘制作方法

质量好的保温帘可连续使用数年，养蜂者可根据自己蜂群情况设计编草帘框架，编出的草帘保温效果好。可根据标准箱或卧式箱前后和左右长尺寸做一个框架。用稻草在框架内勒制保温帘。在框架两端外侧各钉 4 根铁钉，用以固定筋绳，绳两头活扣连接，完工后拆下保温帘。

每把草勒 4 道绳，靠根部第二位置勒第 1 次绳，第三位置勒第 2 次绳，第一位置勒第 3 次绳，第一位置勒第 3 次绳，第 4 位置在勒制前，用剪刀靠近框架内边剪平齐再勒紧。如此打下去，至根部向左一把，然后向右一把，直到草帘长度够用为止。

（黑龙江哈市呼兰区康金镇金鹏店，150518　王颜坤）

蜂箱纱盖的改革

蜂箱纱盖是我们需要长期应用的蜂具，我们现在使用的纱盖存在很多缺陷，主要是纱盖中间有一条横梁，总易压死蜜蜂；蜜蜂爱用蜂胶或蜂蜡固定此处，开箱时不小心很易折损；蜜蜂不能在梁框上通过，增加了采蜜期蜜蜂体力的消耗；木梁和纱网接触处，易积杂质和虫卵。

针对上述缺点，我进行了多次试验，成功地改造了蜂箱纱盖。用一根16 号钢丝或铁丝在纱盖框梁中心或横中心拉紧，把细钢丝两端弯成钩，先扎上一端，另一头用钳子拉紧扎在木框上的中心点上即可。上面盖上纱网钉好就行了。若是交尾群，可把纱盖翻盖就行。这样纱盖网心不下塌。就可以解决上面提到的 4 个问题。

(河南商丘市睢阳区李口镇徐村辅村宋大楼，476125　陈红朝)

9 字绑脾法

在养蜂过程中，有时要从野外的洞穴中或土法饲养的蜂巢中把自然巢脾过到活框蜂箱中。在过箱时，绑脾是最关键的问题，脾绑不好就会掉下或歪斜，为后来的管理带来很大麻烦。通过实践，我总结出 9 字绑脾法。介绍如下。

9 字绑脾法简单快速，对蜂群影响小。取直径 2 毫米铜丝弯成 J 形（如图）。绑脾时把自然巢脾放在垫板上，按巢框内框高宽割去多余部分，巢框放在脾上，上框梁底部与巢脾对齐，在框线下边，沿着每一根框线划出线路，把线埋入。

然后，右手拿垫板在上，取下垫板，放于巢框下面。这时，巢脾在框线的上面，就可以绑脾了。先用 9 字形线钩住下框梁，用 9 字形铜线按图示方向把巢脾固定于框线与钩子之间。9 字形钩子取出很简单，只要用手一拉铜丝，就可取下。

(云南威信县扎西干河小学，657900　马学宏)

自制箱内防寒隔热板

我曾在黑龙江最冷的嫩江生活过，那里的火车站和部队营房大多使用密封的双层玻璃防寒。双层玻璃中间的空气阻隔了热量的传导，在室外 – 30℃时，室内窗上也不结冰。

如果是单层玻璃或窗上有缝隙，室内的水蒸气会在玻璃上结成厚厚的冰溜。由此可见，不流动的空气具有很好的保温特性。

受此启发，我把上、下、左、右一样宽的巢框两边缠上塑料布，外边钉上薄板或厚布，再钉上边条，做成简易隔热防寒隔板，冬天放在箱内靠北边，以阻挡冷空气的侵袭，同时可减少箱内填充物，扩大箱内空间。夏天放在太阳直晒的一边，以减少太阳光对蜂群的热辐射。这种简易隔板对蜂群恒温很有好处，可减少大量护子蜂，蜂群比较安定，不会因忽冷忽热造成病害，有兴趣的蜂友不防一试。

（湖南省安化县梅城落霞湾养蜂场，413522　谌定安）

中蜂巢框上梁不宜开巢础槽

多年养蜂实践证明，中蜂巢框上梁不宜开巢础槽。因为开了巢础槽，巢虫在巢础槽里繁殖工蜂无法清理，巢虫在巢础槽里穿孔作茧，得以大量繁殖，础槽成了巢虫的温床。

因为上梁槽温湿度适宜，食物充足，巢虫数量会迅速猛增，它毁坏巢脾，危害中蜂子脾，严重影响了中蜂群势，导致脾毁蜂逃。很多老蜂人都说："蜂箱养中蜂繁殖不如蜂桶。因为蜂桶是光滑的，巢虫没有栖息之地"，人们都忽视了巢础槽是巢虫的安全繁殖基地。

我曾做过试验，不开巢础槽的子脾出蜂率有90%以上，而开巢础槽的只有20% ~60%，由此可见，一条小小的巢础槽毁坏了多少巢脾，夺去了多少蜂子的生命。

一条小小的巢础槽阻碍了中蜂的发展，这也是中蜂难养的重要因素之一，望养中蜂的朋友不要小看巢础槽，开巢础槽与不开巢础槽，蜂友一定要亲自试一试，事实会给你答案的。不开巢础槽同样可以上巢础，虽是慢一点，但还是很划算。

（江西省金溪县笔架山中蜂基地，344800　徐东明）

水泥瓦的妙用

利用水泥瓦为蜂箱防雨遮荫要选中间夹有玻璃丝的水泥瓦，水泥的标号达标水泥瓦才能坚固耐用。要求水泥瓦长 100～125 厘米，宽 70 厘米，重 10～13 千克。蜂箱的摆放有两种方法，在大场地每排蜂箱按两箱一组，每组间隔 35 厘米；小场地每排蜂箱 4 箱一组，每组间隔 35 厘米。盖瓦之前在两箱一组的一侧箱盖上放砖垫起水泥瓦以利于蜂箱通风遮阳。高度为 15 厘米（3 块砖平放叠起）。两箱一组的放一块水泥瓦，4 箱一组的放 2 块水泥瓦。在全场蜂群都须检查时，先拿下第一组的水泥瓦，蜂群检查结束后，再把相邻的第二组蜂箱上的水泥瓦搬到检查结束的第一组上，依此类推，防雨遮阳效果很好。

（山东定陶县南王店乡张董集朱庄村，274101　陶春林）

自制小蜂具

建筑装饰材料 PVC 板，一般用于室内装修，化学名称是聚氯乙烯，100℃ 以上时才会放出有害气体氯化氢。常温下使用绝对安全。可用来做隔板、截板。加工容易，规整又漂亮，成本也很低。

夏季检查蜂群时，框梁上有许多蜜蜂。提框、清理赘蜡很不易。如用喷烟器驱蜂，对蜂群刺激大，也不太方便。用矿泉水瓶装满清水，瓶盖上用缝衣针扎七八个小孔，对准框梁一捏，几秒钟即可驱走巢框表面的蜜蜂，还可起防暑降温作用（注意取蜜时勿用，以免影响蜂蜜质量。气温低时也勿用）。还可用来驱赶少量盗蜂。

10W 电烙铁顶端用钢锉加工成埋线器形状，即成一把合格的电热埋线器。

包装水果的泡沫网套，包装家电等的泡沫塑料布，泡沫塑料板，防寒服的保温物等的化学名称是聚胺脂，无毒害。可做冬季保温材料。

（河北省涞源县一中，074300　高正平）

编织袋短途运蜂

常有因开巢门运蜂飞散的蜜蜂结团于路旁。一般收取这样的蜂团应该用蜂箱装几框巢脾，将蜂团抖落其中运回蜂场并入小群。

铁岭县平顶堡乡徐沛华就收来两群蜂，当年繁殖成 8 群，建起了自己的小蜂场。

如果偶然在野外发现蜂团，手头没有蜂箱，回家取又不方便，可用编织袋收蜂，将蜂团抖落在编织袋中带回家转入蜂箱。20 世纪 60～80 年代，转地放蜂多数采用火车开巢门运蜂，飞出的蜜蜂甚多，散落在火车停靠处，结成蜂团。许多养蜂人就用编织袋、套头的毛衣、裤子收取蜂团。昌图一位教师在铁路沿线发现蜂团，把裤子两个裤腿扎住，将蜂团抖入其中运回家饲养。现在多用汽车运蜂，加油站和高速公路收费站成了散蜂聚集地，在过路蜂车多的时候，加油站的工作人员很希望养蜂人来收走蜂团，养蜂者可给他们留下联系电话为其义务收蜂。

（辽宁铁岭市南马路为民巷 3 号楼 201，112000　孙哲贤）

养蜂也用电吹风

电吹风用在养蜂中有以下几个用途。

（1）用它的高温吹烫功能给蜂箱消毒，将蜂箱里吹烫几遍。可烫死一些病虫，又可清除蜂箱表面及缝隙的灰尘杂物；

（2）用它吹热巢脾，使之有蜂蜡的气味，再喷上糖水，加入蜂群里蜜蜂更易接受；

（3）如果巢脾上生了巢虫，把巢脾提出，用电吹风吹烫，巢虫会快速逃出或钻到背面，翻过来再吹几遍，即可除净；

（4）可校正变形巢础，用它吹热巢础，即可使巢础平整。平时存放的巢脾过一段时间用吹风吹烫可避免巢虫侵入。电吹风在养蜂生产中使用起来很方便，蜂友们不妨一试。

（四川宣汉县柏树镇新街 178 号，636162　胡家盛）

喷灯在养蜂生产中的应用

养蜂场购买一个汽油喷灯,会给养蜂工作带来很多方便。

1. 消毒 喷灯重量轻,操作灵活。可对蜂箱、不锈钢纱盖、隔板、闸板、竹木隔王板、金属摇蜜机等喷射火焰进行消毒。打足气,将火焰调至蓝色,温度可超过800℃。所有细菌、病毒、真菌都能杀死。

2. 除蜡 蜂群强盛时期,蜜蜂会在隔王板上造起赘脾。削去赘脾后隔王板上仍有残蜡。用利器刮削会损伤竹丝,并且很难除净。可用喷灯向隔王板上有蜡处喷火苗并趁热用较硬的刷子一刷就能将残蜡除尽。

3. 加热 春冬季气温较低取蜜时,摇蜜机内壁及底部有一层厚厚的蜜,很难倒出。可用喷灯向摇蜜机外壁及底部喷射火焰,使温度升高,蜂蜜变稀则容易倒出。但要注意两点,不能向摇蜜机内喷火,防止污染蜂蜜;把握好加热时间,防止烧熔焊锡。

(湖南湘西自治州气象局,416000 邢汉卿)

自制多功能饲喂器

多功能饲喂器有取食方便、可替代档板、保温性好、占用空间少、经济实用之优点。

制作方法:选取与框梁同样尺寸的木条,钉成与档板同样尺寸大小的框架,只钉底部与两边,上边不钉木条,留作进出口。再用优质三合板钉成槽,槽内壁要低1.5厘米,以便蜜蜂出入。钉上大钉作框耳,大钉要穿透木条可拉长和缩短,以备蜂箱不标准。钉好后,化蜡灌内槽,以防漏延长使用寿命,同时放上漂浮物,防止淹死蜜蜂。

(山东省莘县徐庄乡东孙庄鲁西养蜂协会,252424 孙乐安)

饮料瓶的妙用

众所周知,春天奖励饲喂都须在晚上进行,但由于晚上蜂群内老蜂都回巢了,开箱饲喂老蜂很爱蜇人。为解决这个问题,我用饮料瓶做成外挂式饲喂器,方法是将饮料瓶瓶底切开,不切断,把底部作盖子。既可防盗蜂、胡蜂又可防雨水流入。由于饮料瓶口是密封的，只要在小盖上钻个孔，插进输液管，将输液管另一头由巢门通进箱内的饲喂器即可，喂蜂时只要把化好的糖浆倒入瓶子即可，此法还可有效防止春繁期巢温散失。

（安徽界首颖南碾石村东北队，236500　王金理）

电烙铁埋线法

先准备一块略小于巢框的木板，使铁丝刚好平放在木板上。把巢础放在木板上，放上巢框，并把巢础插入上梁的槽内。

把 20～50W 的电烙铁头的斜面上锉一条小沟。安装时，插上电源，用电烙铁的小沟压住铁丝，匀速移动，即可把铁丝埋入巢础中。最后把巢框翻起来，上梁在下，用烙铁化蜡块，将蜡液滴入上梁槽固定巢础，也可把蜡液滴在铁丝上两三处，使巢础更牢固。

（四川宣汉县柏树镇新街 178 号，636162　胡家盛）

巢框侧梁钻眼法

养蜂 15 年，蜂群从少到多，每年巢框也越做越多，开始用锥子锥眼费时费力，后来改用电钻钻眼，细钻头在集市很难买到。我就用大号缝衣针（65mm 长）自制钻头，使用后效果很好，制作方法如下。

将缝衣针针鼻一侧靠近转动的砂轮磨去 1/2，然后用同样的方法磨去另一侧，留斜面呈 45° 的两角即完成。钻眼时夹紧针尖一端，针鼻一端朝前，留针 15 毫米，不要太长，否则易折断。这种针钻头的好处是缝衣针在农村很容易找到，缝衣针韧性适中扭力强，粗头朝前符合钻眼要求，操作时进退自如，制作简单经济耐用。

（河北平山县下口镇车付沟村，050403　石元兵）

自制花粉饲喂筒

取直径为 50 毫米的 PVC 管，截成长 80 毫米的小段。放在 90℃热水中，使其软化，趁热把管捏扁成扁圆形放入冷水中定型。把花粉调成不干不湿状放进扁圆形管内，放在上框梁蜂路间，上盖覆布或保温物，让蜜蜂自管的两端向中间自由采食。一般加一次可供蜂群食用 5～7 日，花粉不会发干发霉。春繁期间加 3～4 次就能接上外界粉源。配制 1 千克花粉可加入 3 袋豆奶粉，15 粒酵母片。

（河南许昌勘测设计研究院，471000　王爱群）

中蜂梯形蜂箱

我饲养中蜂多年，觉得用现有的蜂箱很难把中蜂群养成强群。目前，我使用的巢脾尺寸是 405 毫米×205 毫米内空，我认为这样的结构不利蜂群繁殖。因此，在分蜂季节我把一群蜂分入空箱让其造自然蜂巢。对比之后，发现自然发展的蜂群比人为控制的蜂群繁殖速度快。虽然自然蜂群未受人为操作干扰，但我想另外一个主要原因是自然繁殖的蜂群巢脾形状适合蜂群生存，即上大下小呈椭圆形。虽然将蜂巢改成圆形不现实，但可改成上大下小的梯形。

上梁内空长 405 毫米，下梁长 305 毫米，即下梁比上梁短 100 毫米，上梁到下梁高为 230 毫米。巢箱的形状是两边侧板，上大下小呈梯形。蜂箱盖不变。梯形箱和原来蜂箱的容积相比，按书上计算每个脾减少约 300 只蜂护脾的面积。这样有利于蜂群护脾和保温保湿，有利于蜂群快速繁殖。上大下小的形状又有不易挤死蜜蜂的好处。

因为总长和高未变动，使用摇蜜机不受影响。希望用长方形巢脾养中蜂的蜂友不妨改两群试试，此改法本人也在不断完善，望大家不吝赐教和指正。

（湖北通山县闯王镇小沅村一组，437625　焦家情　焦家发）

塑料巢框使用小经验

2006 年春用塑料巢框做双群中间隔板，组成 10 个双王群春繁，效果很理想。越冬时组织 4 个双王群越冬。通过塑料中间隔板与木制隔板比较。前者能多储饲料，增加内部空间利用率，是比较理想的繁殖越冬的用具。但是由于我购买的塑料框使用后受温差变化特别是受群内高温弯曲变形，呈现弓形不能再用了。

至于塑料巢框受气温变化弯曲变形现象，笔者认为，是生产质量问题，厂家应在设计、制造中严把质量关，采取加固防变形的办法，改进产品的缺点，这样对养蜂者和企业都有好处。

（吉林省大安市满城东路 88 号，131300　王长春）

塑料巢础使用经验

塑料巢础质硬不变形，造脾雄蜂房少，生产操作不易损坏。塑料巢础做成后，用过 2 年巢房茧衣加厚容易割削除去。削过后可加入蜂群重复使用，省事又节约开支。利用蜜蜂啃不动塑料巢础的特性，在越冬春繁时用塑料巢脾做成中隔板，将弱群组成双王群越冬春繁特别有利。即节省饲料，春繁时又比木隔板多哺育一张子脾，使蜂群提早复壮，增加产量。

适用于开发生产巢房花粉，使蜂花粉商品质量更提高一个级别。在春繁和常年养蜂生产中经常遇到花粉充足，全天进粉。而蜂巢内子圈外围大面积连片巢房花粉形成粉压子圈的情况。产卵面积缩小，影响蜂群繁殖。我用割除连片巢房花粉部分，再加入蜂群，1~2 天蜜蜂将巢房修好，蜂王便很快在上面产卵。解决了春繁蜂群弱不宜加脾而蜂群出现花粉压子这一难题。所产蜂粮又是保健的极品。这一举多得的方法蜂友不妨一试。

（河南三门峡市崖底技校后大家便民店，472000　杨金贵）

隔板储王笼

我把隔板中间挖成一排 40 毫米×40 毫米的孔，孔与孔之间隔 30 毫米。把孔的一面钉上铁纱网，另一面钉上三合板，三合板要比孔大 10 毫米，用

一个钉子把三合板钉在孔的上边上，把孔盖住，三合板往旁边一滑，可把蜂王放进去再关上，把隔板铁纱面朝巢脾的一面，放到继箱群最好。4框蜂以上的新王群也可以，除越冬期外，其他季节都可储备蜂王，只要蜂脾相称，储王成活率高，存王时间长。

（河北秦皇岛石门寨镇山羊寨村，066308　雷振武）

巧做接粉盒

花粉也是养蜂的一项重要收入来源，脱粉时使用的配套接粉工具也各种各样。有木制、铁制、塑料制的等。我因在脱粉时接粉槽临时不够用，就将直径8厘米的PVC管截成长43厘米的小段，顺纵向把管子截去1/3，留下的横截面为一弧形。上口稍往外扩展即成"U"字形。照此截面形状做两个和截面略大的木块卡在管子两端即成一个接粉盒。可装1千克花粉。材料可到商店购买。此法取材方便，制作简单，可长期使用。

（许昌勘测设计研究院，461000　王爱群）

自制紫外线灭菌灯

2006年春，我用买来的花粉喂蜂，因为没有给花粉灭菌，当第一批子封盖后就出现了幼虫病，用了很多种药都不太见效，蜂群总是发展不起来。我想，紫外线灭菌效果很好，它产生臭氧能在巢脾每个角落里杀灭病菌。于是我就到重庆市买来15W紫外线灯管，自己装个灯架，就成了紫外杀菌灯。2007年春繁前，我就把越过冬的巢脾提上继箱，巢箱里放杀菌灯，通电20分钟后就可以了。打开箱盖后还能闻到很浓的臭氧味。当年第一批春繁蜂子脾整整齐齐，基本无空房，幼蜂出房后，体格健壮，让人看了就高兴。养蜂的朋友们，如有患病蜂群，不妨试一试，因为此法省钱又无药物残留，但注意紫外线灯不可照射到人。

（四川邻水县丰禾镇兴丰街75号，638512　王正全）

简易饲喂器的制作

用矿泉水瓶做蜜蜂饲喂器，方法简单，轻便耐用。在瓶子中间留一条 2 厘米宽的梁，两旁各剪开一个长 5 厘米宽 4 厘米的开口，用一竹条穿过这两个洞，用铁丝把瓶的两端与竹条缚牢，竹条和巢框上梁一样长，瓶子盖拧紧。最关键的是在瓶子内要放漂浮物，可用丝瓜或松针放入瓶内。一定要有漂浮物接触到洞口上，这样喂糖液时就不致于淹死蜂，根据实际需要，每箱蜂可装一个瓶也可装两个瓶。

（广西浦北县乐民镇新民街 11 号，535313　薛超雄）

介绍三种自制饲喂器

蜂箱内的空间狭小，合理安排有限的空间尤为重要，我用马口铁和 10 毫米厚木板做成 3 种饲喂器，简介如下。

1. 框梁饲喂器　形式为上槽下脾，容积 400 毫米 ×20 毫米 ×27 毫米。每群备两框，用于饲喂花粉，奖饲蜂群，非常方便。如果多备，也可用于饲喂蜂群。

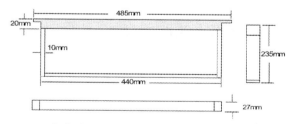

2. 大梁饲喂器　形式为上槽下脾，容积 400 毫米 ×50 毫米 ×27 毫米。主要用于满箱时饲喂蜂群，用于饲喂双王最好。

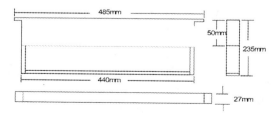

3. 隔板饲喂器　形式为上槽下板，用于平时喂蜂，蜂群满8框时喂饲料。

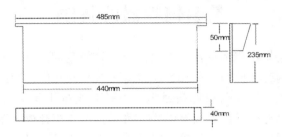

（山东招远市蚕庄镇柳杭村，265402　刘华兴）

输液式饲喂器制作

使用输液式饲喂器喂蜂非常安全，其优点是不用开箱，不淹蜂，保持蜂箱内正常秩序，制作简单，材料易找，花费不多。

一、材料

1. 到村或乡镇医院可找到干净的输液管。
2. 清洗干净的饮料瓶，大小皆可。注意瓶子要能通用的，不要用不符规格的瓶子。
3. 小电烙铁，无电烙铁可用比输液管细一点的铁丝把一头磨尖。
4. 包装带，做网子用。
5. 回形针一盒，用来别管子。

二、制作

1. 输液管处理：剪去输液管针头部分。
2. 输液管与瓶盖连接：用电烙铁或铁丝烧热在瓶盖中间钻一个孔，口径比输液管尖头小一点，趁热把尖头从外向内穿过，待冷却后固定，不可用力摇。为了防止连接处漏浆，在盖内衔接处滴几滴蜡。
3. 用包装带编一个装饲料瓶的网，可比医院用的长一点。

4. 在巢箱前面大盖的下面 2cm 处蜂箱左右两边各向内 10cm 处钻一个孔，平时堵上用时抽开。

三、安装

早春在调群时把框式饲喂器放好，输液管出浆的管头穿过巢箱孔用回形针与饲喂器夹紧，外面用桩把输液管、饲喂瓶吊上备用。

注意：上浆时只能扭瓶子，不能转动盖子，因为管子与盖子固定成一体了。

（湖北仙桃市郑场镇官庙九组，433009　曹映轩）

小蜂具的制作

在养蜂过程中，我研究了几件养蜂小工具，现介绍给蜂友试用。

1. 超长镊子　长度要超过巢箱的高度，检查蜂群时，可将不慎落入蜂箱内的物件轻易取出来，尽量减少对蜂群的骚扰。

2. 长柄扫把　把扫把的头部修成三角形，以巢脾的宽度为准，扫把的柄要长出巢箱。检查蜂群时，将巢脾挪开一些，顺空隙就将箱底碎屑扫向巢门，清出箱外。

3. 通用塑料接粉盒　制成前宽后窄的簸箕形状。前檐的宽度要宽于标准箱的巢门踏板。不用时叠起来，空间小，分量轻。

将蜂箱巢门前踏板刨出坡度，雨天不存雨水，脱粉时不需要垫高箱体后身，花粉团容易向前下方滚落，在踏板的下边再横向开一条槽，脱粉时将簸箕形接粉盒的前檐卡入槽内与踏板边接成一体，不留空隙。减少归巢蜂误落踏板下方，浪费时间。

接粉盒前高后低利于集粉，离开地面不会因地湿使底部受潮。

（黑龙江林甸县黎明乡志合村蜂场，166341　舍　丁）

用易拉罐垫蜂箱效果好

海南地处祖国最南端，属热带气候，春来早，山花烂漫，果花飘香，瓜花盛开，菜花争艳，是养蜂的好地方。近年来，内陆蜂友相继不断运蜂来海南放蜂。因其标准蜂箱垫条低矮，蜂群常遭蟾蜍、蚂蚁、白蚁、蜥蜴等天敌

的危害。我从饮料易拉罐得到启发，用轻便结实的易拉罐（高度 12 ~ 15 厘米）垫高蜂箱，避免蜂群受天敌为害。

易拉罐垫蜂箱的方法是用 3 个或 4 个按蜂箱的宽度，在地上排成三角形或长方形，然后把蜂箱平稳地放置在上面。此法很实用，简单又不花钱，方便转地蜂场追花夺蜜时携带，来海南养蜂的朋友不妨一试。

（海南海口市龙华二横路 25 号龙华干休所，570105　曾传勇）

提脾小钩的制作

养蜂人在日常管理蜂群时，经常会将巢脾提离巢箱以便观察、施药、割雄蜂蛹等活动，通常是双手提框耳，提离巢箱后再换单手提脾以便另一手进行其他操作。既不方便又有被螫的可能。我用不锈钢丝制作了一种简易的提脾小钩，在喷药或看蜂时用起来都很方便。

制作方法：将一段长约 67 厘米，直径 4 毫米的不锈钢丝或铁丝（8 号）在距中心点两端各 46 厘米处折弯 90°角，距第二弯处根据巢框框耳宽度作一个 90°弯，距弯头 3 毫米处切除并磨尖。如觉得钢丝太软可作加强筋。用此钩可轻松地将已起松的巢脾提出，另一只手就可作其他工作了。

（重庆忠县乐天路 10 号 B 座 6 - 2 房，404300　张晓卫）

废旧物品在养蜂生产中的妙用

废旧摩托车内胎的周长要比蜂箱外围尺寸略小。橡胶的弹性很好，将其纵向剖成 3 个圆圈，用来围在副盖与蜂箱之间，可防止副盖与蜂箱缝隙过大盗蜂钻入蜂箱内。

转地运蜂时也可起加固作用，用它箍在继箱与隔王板、巢箱的缝隙处，可使继箱更稳固；可防蜂箱内气味外溢，防盗、保温效果好。

开箱检查蜂群时只需将蜂箱四角的橡胶片向下翻半片，即可开启蜂箱；查完蜂群后将翻下的半片翻上便可恢复原样。使用时很方便，有兴趣的蜂友不妨一试。

（江西南康市潭东镇芦箕村下屋，341401　李坊铭）

配套晾粉板的制作与使用

一、材料

纤维板 1 米 ×2 米；3 厘米 ×2 厘米的木条 2 米；铁拐角 4 个；铁抓手 1 个；1 米宽尼龙纱一段；尼绒袋数个。

二、制作方法

1. 晾粉板　用木条在纤维板板钉上边作为挡粉边。在纤维板底面钉起加固作用的十字。在板的四角各钉上 1 枚半露头小钉，用以挂篷布小线带。

2. 防蝇纱罩　用木条钉 1 个与晾粉板同样大小的木框，木框中间钉 2 根横撑，框上钉尼龙纱，四角钉铁拐角，一侧钉一个铁抓手。

3. 防尘篷布　拆开几个尼绒袋，按晾粉板长宽四周长出 5cm 大小缝成一块篷布，并在四角分别缝上 1 根小线袋。

三、使用方法

（1）将晾粉板平放在蜂箱盖上，倒上花粉扣上纱罩，白天应经常翻动花粉。如果脱粉量少可扫在板的一边，再倒上脱下的鲜粉摊在板的另一边。

（2）在刮风天和夜间将篷布盖在防蝇罩上，并将小线带挂在晾粉板的半露小钉上，以防大风刮掉篷布花粉落上灰尘。

（3）接粉时段，难免遇上刮风天，花粉干透过筛后，将晾粉板抬到室内平放，将风扇放在板的一头，打开电扇，把花粉在风扇前均匀倒下，粉粒落在风扇前的板上，粉中杂物会被吹到板的另一头，粉粒整齐，杂物全无。一块板两天可晾干粉 15 千克，小蜂场 1 块，大一点的蜂场两块就够用了。

（山东济南市长清区崮山镇池西村，250307　马玉森）

活动纱蜂箱副盖好

一般我们都习惯将蜂箱副盖上面的纱网钉死。在王师傅的蜂场，我发现他的蜂箱副盖上的纱网都是活动的，没有钉死。经我自己试用，蜂箱副盖的纱网改成活的比钉死的更适用。一是方便饲喂或观察蜂群，饲喂和观察蜂群时，将纱网和覆布从一角掀起，不惊动蜂群，箱内的情况一目了然，饲喂不会把糖浆倒错位置，或倒得太多溢出饲喂槽；二是方便取胶。由于纱网取胶时，只对角拉扯不用刮，纱网磨损轻，可以延长使用年限。改制方便简单，先拔去副盖上的钉子，用铁丝或木条在副盖上各加几道梁（一般是横3竖3）就可以了。如果是尼龙纱就直接将其盖在副盖框上，很快就会被蜂胶粘住。应注意的是纱网不要裁得太小，40厘米×50厘米为宜。

（山东招远市蚕庄镇柳杭村，265402 刘华兴）

矿泉水瓶的妙用

我用方型矿泉水瓶改制饲喂器既不用花钱又好用。用它改制成饲喂器，只需1分钟时间。它的优点是不用花钱就解决问题，缺点是冬季不用时比市场上出售的专用饲喂器多占一些贮存空间。

具体做法是用裁纸刀或剪刀沿着方形矿泉水瓶的任意一角剖开，将整个平面挖掉。然后，在瓶底角处和上口斜面处纵向找好中间位置，用锥子或钉子各扎一个眼，用485毫米长的8号铁丝穿进锥孔即完成。如果没有粗铁丝，也可用10毫米左右粗细的笤条或棍代替，用线绳把木棍与瓶子绑好就可以了。

（吉林桦甸市孙家屯窑地，132400 杨 球）

割蜜刀的改进

据传说木匠的祖师鲁班在接受了皇帝限期建造宫殿的任务后，带领众工匠砍伐木材，苦于进展缓慢，焦虑之中他漫步山林，不慎被有锯齿的茅草割破皮肤，他受到启示，后来发明了伐木利器——锯。

我们在蜂群取蜜切割蜜盖时改常规刀式割蜜刀为锯式割蜜刀，在使用时发现有以下两方面的优点：采用锯式割蜜刀割取封盖蜜脾开口时阻力小，比较省力，割面平整，割封盖脾速度快；最大的优点是锯式割蜜刀锯齿多点与蜡蜜接触（而刀式割蜜刀是线状较大面积的接触），在割脾上下锯动时，蜡屑落于锯齿间，所以不会因刀刃面堵塞而撕破巢脾，避免了损失。制作锯式割蜜刀可将一般割蜜刀刀刃面间隔0.2毫米间距，用小钢锉锉成垂直深度为0.15毫米的锯齿，然后在磨石上像以往磨刀一样将锯式割蜜刀磨利，另外也可购理发用锯式削发刀代用。

（陕西扶风县教育局，722200　张建国）

小型喷雾器的维修

喷雾器是每个养蜂者必备的常用工具。就喷雾器来说，无论是高压式、间歇式还是手揿式喷雾器，大多用不了多久就会出现喷雾不均匀或喷雾不流畅的问题，达不到理想的雾化效果。这就难住了使用者，怎么收拾效果都不理想。我在修理小型喷雾器时中不断积累经验，总结出修理技术的3个关键之处。

一、拧开喷嘴看水孔是否被堵塞；二、拧开盖子，拔出带活塞的支架看进水管是否松动，再看管内的挡水珠是否塞死。若进水管松动可将其固定；若挡水珠被塞死在管内，可取出挡水珠，把小珠子磨小一些。三、如活塞不润滑，可在活塞的正面及反面涂点黄油即可。若活塞磨损严重，可把活塞盖向外掰几下使活塞向外扩张一点就行了。

一般来讲，手摁小型喷雾器这三方面没有问题的话，使用进行喷雾会很理想，雾化程度会很好。

（河南禹州花石下庄村，461691　卞启昌）

塑料饲喂器的改进

生产饲喂器的厂家生产的大中小号容量从 1~3 千克，但形状都是一样。塑料饲喂器的优点是价钱便宜，规格标准，无漏蜜现象，饲喂器内壁有波纹，蜂易爬出，不淹蜂。缺点是上口平行（与两耳齐平），这样蜂采食起来必须在饲喂器上面架小树枝或其他支架物蜜蜂才能通过。把起刮刀在火上烧热，在饲喂器上沿烫出几个通道可以方便蜜蜂采食。我建议生产厂家改进一下，在饲喂器上沿留出 1 厘米宽的缺口，作为采食通道。

（河北深州市大屯乡祁刘村，053873　潘振堂）

利用产浆框饲喂花粉

利用浆框在春繁期给蜂群补粉供水，既方便又省事。方法如下。

把用过的浆框杯口朝上，条数可增可减，将调制好的花粉抹入王台杯中。尽量抹在浆框中间部分，以便低温时蜂群取食方便。外围可用注射器注入含适量盐分的清水。外侧靠上隔板即可。此方法适用于春繁蜂多于脾的条件下使用，优点是不用额外增加其他材料。

（黑龙江伊春市南山森林公园，153000　张振杰）

简易安全运蜂罩

简易安全运蜂罩用 75 厘米×75 厘米的尼龙窗纱，把 4 个角剪成圆形角，然后，把松紧适度的皮筋用缝纫机或手工缝在尼龙纱的边缘里，保证皮筋在窗纱里面能松紧自如，简单有效的安全运蜂罩就做成了。使用起来灵活方便，用这种运蜂罩将整个蜂箱前脸套上，然后装车。此纱罩成本低，能使用多年，运蜂效果良好。开门运蜂不跑蜂，落新场老蜂还有用。落场后收起运蜂罩装入布口袋，可当枕头用。

注意事项：①天黑前装完车，天亮卸车效果最好；②适合挑蜂装车；

③背箱装车必须在天黑前装完；④留几箱弱群最后装车，以收留较晚归巢的采集蜂，此蜂罩对小转地放蜂者更适用。

（吉林四平市英雄街致富委十组，136000　侯万富）

"V" 字形花粉槽的利用

我采用把花粉调成糊状并按喂时的外界温度调整花粉糊的软硬。外界气温15℃左右，调制花粉糊时可稍软一点，即似流非流状。若外界气温20℃左右时花粉糊调制成稠米粥状。用这种方法给蜂群补充花粉，蜜蜂非常喜欢食用，花粉的利用率大大得到提高。制作方法如下。

取透明绦纶塑料膜一片（需软硬适中），宽5厘米，长15～20厘米。顺长对折；再握个边缘，即成"V"字形。用黄豆粗细的铁丝在槽上烙一些小孔。最后在边缘烙上4个小孔即可（如图）。

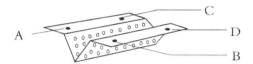

说明：AB 和 CD 孔可用细铁丝或细绳子调节槽口宽度。做好后即可把花粉装在槽内，并把它放在框梁间的适当位置，让蜜蜂自由食用。

（河南禹州花石下庄村，461691　下启昌）

闲置巢箱的利用

高温时期，利用闲置巢箱，底朝上扣在平箱或继箱上，能达到非常理想的遮阳降温效果。

（1）空巢箱反扣，空间大，隔热性能好，烈日晒不透，能有效克制平箱暴晒出爬蜂的弊端。

（2）扣着的巢箱，受热气流对巢箱内围的熏蒸，还能达到消毒灭菌的目的。

若怕雨天沤坏巢箱箱底，可在箱底板上钉一块比箱底稍大一点的塑料薄膜，防沤问题即能解决。

（河南登封送表刘楼，452484　康龙江）

羊角制成移虫针舌方法

现在蜂友们用的移虫针多是牛角片磨成，舌片易开裂、折断，一年需用20 多根，不耐用。

对此我做了点小改革，将山羊角放在锅里煮，使羊角变软。用钢锯将羊角锯成小片（7 厘米 × 1 厘米），在油石上磨成片后，握住羊角片放在玻璃的平口处轻轻刮，使片变薄，用刀划成二片舌片，绑到移虫针杆上，就成为一根经久耐用的移虫针，我做的羊角移虫针一片羊角能用一年。

（江苏连云港市港灌云县伊山镇郑庄村十组，222200　郑　金）

用馍干诱蜂采集天然蜂胶

2006 年夏季荆条花期，我采用馍干诱蜂采集天然蜂胶，效果不错。具体方法是：在新型巢蜜塑料薄格片加馍干垫于隔王板之下，与巢箱连接处。荆条花期 10 天左右蜜蜂将馍干的缝隙处涂满蜂胶后，再将馍干的另一面转向巢箱里边，让蜜蜂将另一面继续涂满蜂胶。20 天后馍干两面都有金黄色的天然蜂胶，取出即可食用。

馍干是大众食品，市场有售，物美价廉。馍干的缝隙便于蜜蜂贮存采集的天然蜂胶。

（河南三门峡市崖底技校后大家便民店，472000　杨金贵）

羽毛球拍的妙用

每当流蜜季节，蜂群常常会遭受大胡蜂的袭击，捕打大胡蜂是养蜂者的一项重要工作，在多年的养蜂经历中，我用过多种扑打工具，效果都不很好。有一次打大胡蜂时，偶然发现羽毛球拍打大胡蜂效果极好，因为球拍用起来很顺手，只要球拍碰到大胡蜂，便会立刻拦腰折断，很少有大胡蜂能从拍下逃生。羽毛球拍网眼大，面积大，不易伤到蜜蜂，用起来既灵活又方便，请蜂友一试。

（辽宁丹东市振兴区兴一路 43 号 1 – 402，118000　薛庆英）

用石蜡保护蜂箱

我养蜂用的蜂箱、巢框、隔板都是自己做的，为延长蜂箱的使用年限，我动了不少脑筋。用漆或清油防腐怪味较重，对蜂群不利；还污染蜂和产品，用桐油防腐很好，但在我地无货可买，邮购价格很贵，情急之下我想到了石蜡。起初，我用电熨斗烫蜡油蜂箱，时间一长，电熨斗用坏了，就找了一根 10 号铁棍，一头打扁钻眼，用螺丝固定，另一头打尖穿上木柄；另用厚 1 厘米，长 8 厘米宽 6 厘米的长方形铁板，或能找到的大小合适的厚铁板，用电焊焊上，如上规格的铁把，用方便的热源加热烙铁至能烫化石蜡，使石蜡渍入木质，反复烫几遍，以便石蜡分布均匀，达到木质深处，加强和延长防腐时限；烫过石蜡的蜂箱原木色泽加深，滴水呈珠状滚落，烫完即可使用，经一年的使用，没有发现伤蜂现象。

石蜡在杂货店有售，价格不贵，一套蜂箱用 1 千克就够。新箱旧箱均可轮换上蜡。

注意事项：

1. 大盖、蜂箱里面不能烫上蜡，避免冬季遇冷箱内凝结水珠过湿，导致伤蜂拉痢。

2. 烫蜡时要带眼镜，以免烙铁过热溅起蜡油燃烧出火焰，烧伤眼睛。

3. 标记蜂箱编号要在烫蜡前做好标记，否则上蜡后写不上字。

4. 不要用蜂蜡，蜂蜡价格贵。

（山东高密市河崖镇新赵庄，261500　王朝玺）

介绍三种简易蜂箱

一、砖砌蜂箱（石块、土坯）

根据蜂场环境情况和蜂群数量确定蜂箱长度，蜂箱宽依巢框长而定。选背风向阳干燥处，平整夯实地基，铺两层塑料布隔湿。摆正事先做好的木架（放巢框用）。然后铺砖砌砖，底面砖缝留出巢门。根据需要做几个闸板，用来分割蜂群。砌五层砖就够高。表面用水泥抹平。按卧式箱管理，也可在上面加继箱。每箱的成本近30元。越冬越夏生产适用。

二、包装箱式木制蜂箱

把胶合板钉在统一规格的木条上，组合成一个继箱。此箱采用活动箱底，箱盖另做。坚固耐用好做，不必请木工。具体规格如下。

侧面骨架木条：515毫米×20毫米×20毫米（4根）、210毫米×20毫米×20毫米（4根），前后面骨架木条：390毫米×20毫米×20毫米（4根）、210毫米×20毫米×20毫米（4根）钉成长方形骨架，留出框耳占据的尺寸，两面包钉胶合板。合成后即成一个继箱。每套成本近40元。此箱我用了4年至今完好无损。

三、泡沫包装箱改造蜂箱

用装鲜菜的泡沫箱稍加改造即成蜂箱。用小钢锯把泡沫板按尺寸截好，再用白乳胶粘好箱内、巢门处、放巢框处（两头框耳处），都用胶合板、木条粘好。每只箱成本近20元。特点是轻便，保温效果好。

（山东乐陵市丁坞镇，253608　褚　家）

线槽花粉饲喂器

我使用电线槽作花粉饲喂器，线槽宽3.5厘米，高1.2厘米，长22厘米，将截好的线槽直接放在蜂路上。花粉和黄豆粉的比例为1.5：1，用蜂蜜调和好，以不流淌为准。用此槽给蜂群喂花粉既干净又不易发霉，并且不污染蜂箱保温棉垫。见工蜂采集完后，再将调好的花粉饼抹进槽内即可。

（重庆市忠县乐天路 10 号付 2 号，404300　张晓卫）

捕蜂工具一宗

1. 使用材料　长杆两根，钩子一个，粗铁丝一根，软扫把一个，长口袋一个，细绳若干。

2. 联结方法　把钩子用细绳牢固地拴在一根长杆的稍头上，用铁丝把口袋口撑开后用细绳拴在钩子下方；将扫把用细绳牢固地拴在另一根长杆的梢头上。

3. 使用方法　如果飞逃的蜂群落的树枝较细能摇动处，就用拴了口袋的长杆轻轻地挂在蜂团中央的树枝上，使劲向下抖动几下，让蜂团落在口袋里，摘下口袋，放在事先准备好的蜂箱里，安置好。待蜜蜂安稳后取出口袋即可。亦可直接将蜂团抖在蜂箱里。如果飞逃蜂团落在较粗的树干上，或摇不动的树枝上，或屋檐下，可将拴口袋的长杆挂在或立在蜂团下，使口袋对准下落的蜂团。再用拴扫把的长杆轻轻扫下蜂团，使蜂团落在口袋中，摘下口袋，放入事先准备好的蜂箱里。

4. 几点补充　袋口可根据蜂团的位置及环境需要，撑成"圆形"、"半圆形"、"新月形"、"凹"形、"凸"形。要注意查找蜂王。

（山东招远市蚕庄镇柳杭村，265402　刘华兴）

收集零星赘脾蜡方法

在流蜜期，对割下的雄蜂房、蜡盖、赘脾也能及时集中妥善处理。但对平时检查蜂群，起刮框梁副盖上的蜡渣赘脾，因量小无法及时化蜡，随手丢弃或放置一旁。几天后巢虫孳生咬蛀一空，不但劳而无功，反而培养了蜡螟，成了孳生巢虫的源头。

我的做法是准备一两只不漏气的透明塑料袋（直径 20～30 厘米），一头扎紧，每次检查完蜂群后，将赘脾蜡渣捏成团，丢入塑料袋里，尽量排出空气后打结悬挂或放置于日光能直晒处。这些碎蜡团经日光暴晒，袋内又无空气，巢虫卵只能有死无生。蜡晒软后，可手捏袋子压缩

· 155 ·

体积，下次又可装入，集聚。直到化蜡时取出，不受任何损失，举手之劳，何乐不为。

（四川罗江县金雁南路82号，618500　高先沛）

一置多用的巢门装置

剪一块长45厘米，宽10厘米的布条，用4~5个图钉将布条钉在巢门踏板的纵面上，为了便于蜜蜂爬行方便，布条上边可回折1厘米，使上边形成一个独边，然后按上图钉，按好图钉，装置便做成了。

此装置有以下几个优点。

1. 方便蜜蜂进巢门　蜜蜂爬行方便，不用垫巢门。尤其是在大流蜜期，回巢蜂个个都是满载而归，如果用土或沙石垫巢门口，有时蜜蜂抓不住脚，爬行起来非常费力，而用布条就省力多了。所以不仅方便了蜜蜂爬行，而且也免去了垫巢门的麻烦。

2. 能够有效地防止蜜蜂受伤　在炎热的夏天，垫巢门的沙石被太阳晒得滚烫，蜜蜂难以驻足，这块布条有效地防止了这个弊端。

3. 方便脱粉　在脱粉的时候，只要将接粉斗伸入布条底下即可，不用再垫高巢门，接粉收粉十分方便。

4. 可作蜂王交尾识巢的标记　用不同颜色的布条钉在交尾群的巢门口，可使外出交尾的蜂王不飞错巢门，提高蜂王交尾成功率。

（辽宁葫芦岛市建昌县头道营子乡碾子沟村，125324　戴长林）

塑料薄膜的修复

塑料薄膜是养蜂者用来为蜂群抗风寒遮雨雪的常备用具，因为薄而易烂，使用时若不小心，不可避免会出现破损，一旦有窟窿，就影响使用效果。

我的办法是剪下两块比窟窿大的透明胶布，把破损处两面贴住，并且要按压四周，将它贴牢，用贴窟窿的方法加以修复后仍然能继续使用。

（河南登封送表刘楼，452384　康龙江）

中蜂巢框改革

巢脾和巢房是中蜂繁殖后代和储存饲料的场所。在自然生态环境中，中蜂群体结构是椭圆形。在中蜂饲养实践中，人们将巢房和巢脾改为活框饲养后，中蜂群对方形或长方形巢框非常不太适应，因为长方形改变了蜂群的群体结构。本人经过多年蜜蜂饲养实践，在中蜂饲养过程中逐步探索出了改框改脾不改箱的饲养方法。使巢框适应了中蜂的自然生态，实现了蜂群发展快，群体强，产蜜高，经济效益好的目标。现将具体做法介绍如下，供同行们参考。

一、巢框的改进

我选择南竹来做巢框。上框梁长 48 厘米，宽 2.5 厘米，在上框梁 2 厘米处打眼，眼宽 0.7 厘米，眼长 1.4 厘米；然后将两个边条和下框梁连为一体，总长 80 厘米，两个边条宽 2.5 厘米，下框梁宽 1.5 厘米，两边打穿线眼 3 个，5 厘米距离 1 个。两边条头做公榫，宽 1.4 厘米，长 1.5 厘米；最后在火上将边条的下部烧软做成高 2.25 厘米的巢框，用绳子套在上下框中间固定成型，根据热胀冷缩的原理完成定型。

二、巢脾改进

把西方蜜蜂巢础上在已改好的巢框上，让西方蜜蜂造好后，经过消毒处理，加入中蜂巢里产卵育虫，储存饲料了。通过以上改进，有效地利用了西方蜜蜂巢房大，育出的工蜂体形大，采集力强，蜂群发展快的优点；同时可以做到一脾两用，根据中蜂喜爱新脾的特性，让中蜂首先使用新脾，换下来的脾经过消毒后再给西方蜜蜂使用，如此，进一步节约了成本，增加了效益。

（重庆市綦江区郭扶镇交通路 158 号，401420　陈明钦）

简易撒药瓶

养蜂人都知道：饲养蜜蜂的最大问题是螨虫危害。大螨容易发现，治疗药类也多，一般人都能做好预防和处理。小螨不易发现，并且螨药也单一。常用升化硫来防治。不是用药抹子脾，就是给每箱蜂路撒药 3 ~ 5 克。抹子脾费事麻烦，手撒用量和均匀度不好掌握。不是药量少达不到治螨效果，就是多撒造成卵不孵化的药患。近几年，我用自制的撒药瓶效果很理想，今天就介绍如下。

一、制作材料及方法

撒药瓶选用中西医药房装药的直筒塑料瓶，瓶盖直径 4 厘米为好。先将瓶盖挖一个直径 3 厘米的圆洞，再用铁窗纱剪一个直径 3.5 厘米的圆片，装在瓶盖内，再按在瓶子上就算做成了（若蜂场大箱多，可选用直径 4 厘米的大口径饮料瓶照上方法制作亦可。）

二、撒药方法

每次撒药，可将升华硫按量装入瓶后，左手握瓶口朝下，右手拍打药瓶，药粉就均匀的撒在箱底或框梁上。若需多撒拍打重点，若需少撒拍打轻点。第一次用的药量不好掌握，可以先撒几箱，再秤一秤用了多少药，再次撒药可以酌情撒多或撒少。以后掌握了就运作自如了。平时若不用撒药瓶，可以盖内垫上两层薄塑料袋，再盖上盖。这样隔潮，防潮。此撒药瓶，不花

钱，材料容易找。撒药均匀量也好掌握。蜂友不妨动手做一做，用一用。

（河南洛阳市伊川县吕店镇中心小学，471313　高永奎）

养蜂辅助工具收蜂竿

蜂群自然分蜂与飞逃，这是不以人的愿望为转移的自然现象，不管你有多么精深的养蜂技术，也会难免发生这样的事情。就算蜂王的翅膀被剪去，也可能由新王带蜂群分蜂。蜂团离巢后结团位置，并不一定是高还是低，如果在低处，收捕自然容易，如果蜂群集结在高处，麻烦便来了。这时你若能利用收蜂竿，收捕起来便容易得多。

找一根 60 厘米长，3 厘米见方的木条，用 7 号铁丝弯一个 3 厘米×4.5 厘米的方环，接口向前，背后用细铁丝拧紧。在木条背面，距上端约 15 厘米处，钉一个钉子，以便系紧方环。在这个钉子下方，固定一个"厂"字形（用厚铁皮做成），长的一端约 10 厘米固定在木条上，短的一端约 5 厘米，留在外边，以便卡住长竿。在下端约 10 厘米处，再钉一个用较厚铁皮做的 4.5 厘米×3 厘米的方形扣。固定在木棒上便成。使用时，将一幼虫脾的框耳插入方形铁片内，另一框耳将铁丝环套入。系紧背后细铁丝，再找一根长竿，顶部顶在"厂"字形凸出处，用铁丝固定即可，便将幼虫脾靠近蜂团，护脾是蜜蜂的天性，蜂团会慢慢爬到幼虫脾上，不久，全蜂蜂团就可收入蜂箱。

（北京白广路二条 10 号 602，100053　赵国英）

脱粉器小改革

我使用的四川蜂勤二代脱粉器脱粉效果不错，但也有美中不足，从漏粉条上掉下的花粉落在蜂箱踏板上后，无法自行滚落到接粉斗中。因此，我把蜂箱踏板稍作改动，问题便迎刃而解。具体方法如下。

我的蜂箱巢门踏板宽 4 厘米，如果去掉 2 厘米，就可以将花粉漏下。但是，太窄又会影响蜜蜂的进出，安装脱粉器也不稳固，必须进行加固。我在踏板边 2 厘米处划一条与边平行的直线，按照脱粉器 3 个支点的尺寸与位置，在踏板上作出相对应尺寸，这 3 点不动。把余下的两段用利刀切成大于 15°的斜坡，再用木锉将其修平。把蜂箱踏板这样一改动，只要把脱粉器紧贴蜂箱前脸板放好就能脱粉，不用垫蜂箱也不须固定脱粉器。使用起来简单方便，还能提高花粉产量。

（河南卫辉市城内土地庙街 13 号，453100　李岭群）

露天喂水器的制作

介绍一种既简单好用又不必经常清洗的露天喂水器，它是根据蜜蜂在河边沙滩上采水的原理模拟自然环境制作的露天喂水器。用木板和板条做成簸箕样木板槽（按蜂场规模可大可小），像淘金沙用的平底簸箕，在簸箕里面烫上蜂蜡，防止漏水，装一些干净的河沙（用水淘洗到不混浊为止）。没有边条的一面用支杆支起来，目的是模拟河边沙滩状况，让槽底形成斜坡，然后装上适量的水。装水时让没有边条的一侧露出一部分沙子，采水蜂就在沙子上采水。待采水蜂习惯以后，有水的部分可用木板盖住，只露出沙子部分就可以了。

露天喂水器有以下 3 个优点。

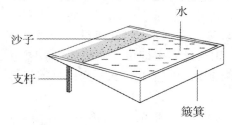

1. 水中没有漂浮物，避免了漂浮物表面长满污垢，使水质变坏，沙子不会因时间长发臭，不用经常清洗。

2. 把水面盖住可以防止蜜蜂被淹死。水面不受阳光照射，既可降低温度又可防尘。

3. 阳光直射沙层，在春天可适当提高水温。

一般规模的蜂场可放两个喂水器，一个喂水，一个喂盐水。

（吉林汪清林业局沙金沟林场，133200　徐昌范）

电线卡作巢脾距离夹

现在很多蜂友不爱用巢脾距离夹，主要是因为没有合适的材料，认为有距离夹使用起来不方便。我认为，还是用距离夹好，至少在检查和运输蜂群时不会压伤蜂王。我是用电线卡作距离夹的，选用高度为 8 毫米的电线卡即可，只要巢框侧条标准就行（宽 33 毫米），每个巢框用 4 颗电线卡，钉在侧条两边，上下各两颗，运蜂时将巢脾向一边挤拢，将隔板固定或用塑料卡条紧固即可。

（重庆市忠县乐天路 10 号付 2 号，404300　张晓卫）

简易蜂群施药器

在养蜂生产中，不论南方和北方，每年夏末都要治一次蜂螨。传统的方法是施用升华硫杀螨。这时蜂群还架着继箱，施起药来又费力又麻烦。因此，我制作了一个施粉器，既简单又省钱。方法如下。

找一个大家常用的金鱼洗涤灵空瓶和铁筒饮料瓶，将铁筒破开剪成长 2 寸宽 1 寸的铁片，将铁片一头卷成半圆形，把半圆形一头捆在洗涤灵瓶口处，这个施粉器就做好了。

施药时将药粉放在碗内，药粉越干越好，不要有颗粒，一手拿药碗一手握施药器，将药粉铲入施药器小铲上伸入巢门内，手向瓶子施压，药粉扑一下喷入箱底，很均匀地布满箱底。因为升华硫治螨主要是熏杀和触杀，因箱底有药粉，蜂螨落下后很少能复活。

（北京房山区河北镇三十亩地村，102417　王奎月）

简易埋线器制作

取一段 8 号铁丝，一头砸成稍弯的鼠嘴形，在嘴顶顺同向用钢锯一浅槽，另一端安一木柄，埋线器便做成了。

埋线时用酒精灯稍稍加热，将埋线器浅槽从巢框一端压住铁丝拉向另一端，便把铁丝埋进巢础里了。夏季气温高达 30℃ 以上时，也可不用加热埋线，只用力压拉即可将铁丝埋进巢础。但有时蜂王不愿向有铁丝的一趟巢房里产卵，因为铁丝上没有一层因加热产生的蜂蜡膜，压力小还埋不到房底。

自制的埋线器比买的铜头埋线器还好用。买的铜头埋线器槽较深，把肋也细，加热使用极易将巢础划透，用力压拉，易把肋压弯。只有再改造才能好用，否则上巢础极易出问题。

上巢础不要把巢础在巢框铁丝上别入，要把铁丝放在巢础的同一边。压在同一边的巢础造出的巢脾平整。稍稍加热埋线器压拉埋线，能使铁丝埋好后有层蜡膜，有铁丝的一趟房眼不影响蜂王产卵。

• 161 •

（山东兖州市兴隆庄镇十一中学，272100　李华基）

建议使用十二框标准箱

记得十几年前笔者曾提出使用十二框标准箱的倡议。它不同于苏式的十二框方形箱，它的内围尺寸为 465 毫米 ×465 毫米 ×265 毫米，只是将十框标准箱稍微加宽，仍然使用十框标准箱的巢框、隔板，取名十二框标准箱。而苏式十二框方形箱的尺寸为 455 毫米 ×455 毫米 ×330 毫米，它不能使用十框标准箱的箱内设备。那时，5 吨载重汽车刚刚投入使用，公路运输主要由 4 吨卡车担当。由于 4 吨卡车的车箱宽度仅为 2.2 米，十二框标准箱在公路运输上处于劣势，它必须配备一定数量的十框标准箱与其混载才能不出现亏吨问题。或许就是这个原因，十二框标准箱虽几经投出却未获发表的机会。

随着时光的流逝，当初提倡十二框标准箱的热情早已冷了下来。既然现在有蜂友提出使用方形箱，我想不妨使用十二框标准箱。

这样，不用改动与十框标准箱配套的养蜂用具。在公路运输问题上，它可以 4 列的方式装在 5 吨运载卡车上。定地养蜂在繁蜂、取蜜和越冬等方面都优于十框标准箱。

（黑龙江黑河市罕达气镇四道沟村，164306　谷春玲）

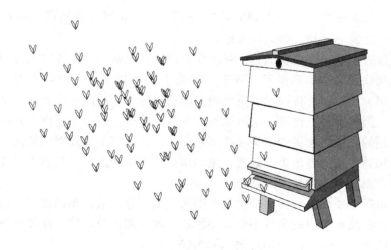

蜂疗保健篇

顽固性鼻窦炎治疗验方

因人的体质不同，对鼻炎、鼻窦炎、肥厚性鼻炎、过敏性鼻炎、萎缩性鼻炎、鼻黏膜糜烂、鼻疮等，有些人治愈快一些，有些人几年也治不好，现在介绍几种有效的治疗方法：

验方1：用蜂胶液（或蜂胶酊）。先用少许擦患处，待适应（不痛）后，用棉签蘸蜂胶液擦患处，每日4～5次，或用棉球浸湿蜂胶液塞鼻腔2小时，每次塞1支，每日2次。一般5～10天上述症状消失或基本好转。

验方2：鲜蜂王浆5～10克。日服3次，另外用鲜蜂王浆涂患处，每日4～5次。

验方3：蜂蜜15～20克。日服3次，另外用蜂蜜涂患处，每日4～5次，连续用20～30天。

验方4：两年以上老巢脾10克，清洗干净嚼服，蜡渣吐出，日服3次，连续服10～20天。

验方5：蜂胶片2～4片（蜂胶含量30%，黄酮≥5%）。日服3次，饭前服用，连服10～20天。

验方6：活蜂1～3只。用蜂蜇刺迎春穴（鼻炎），蜇一次，观察4～5天，如果痊愈停止蜂蜇，观察基本上好，再蜇1次或2次。

上述验方均有效果，治疗期忌食辛辣食物、海产品。蜂王浆、蜂胶过敏者可以停用。

（四川攀枝花湖光社区国税局244-1，617000　郑庚智）

牙龈出血治疗验方

牙龈出血大人、小孩均有，有的长达1年以上医治无效，现介绍下列验方：

验方 1：蜂胶液或蜂胶酊 3 克，蜂蜜 3 克。用法：两味混匀含口腔内 10 分钟，慢慢吞服，每日 3～4 次。

验方 2：鲜蜂王浆 2 克，蜂蜜 2 克。用法：两味混匀浸湿棉球贴敷患处 10 分钟，每日 3～4 次。

验方 3：蜂蜜 15 克，橄榄 15 克，杭菊花 5 克。用法：将后两味加水煮 5 分钟，去渣取汁，加蜂蜜调匀，当茶饮，每日数次。

验方 4：蜂蜜 15 克，斑鸠菜（占）10 克，荷叶 16 克。用法：将后两味加水煮 5 分钟，去渣取汁，加蜂蜜调匀，分 3 次服。

验方 5：蜂蜜 20 克，明矾 10 克。用法：明矾加少量水煮化加蜂蜜调匀，含口中停 10～15 分钟，每日 3 次。

验方 6：蜂蜜 15 克，西红柿 2 个，生大黄 5 克。用法：用开水泡大黄 10 分钟，西红柿洗净榨汁，三味合并拌匀，一次服下，每日 1～2 次。

（四川攀枝花湖光社区国税局 244－1，617000　郑庚智）

蜂蜇治疗膝盖痛

人老腿先老。随着年龄增加，容易出现膝盖痛，可能是患了骨刺、风湿或类风湿。应用蜜蜂蜇刺有一定疗效，具体方法是，一年四季，左右膝盖用蜂蜇刺，开始用活蜂 2 只，出现肿胀是正常现象，待消肿后再蜇刺。如果反应正常可以每次增加 1～2 只蜂针，连续 4～5 次后基本可治愈。这种不花钱，不打针，不吃药，用几只蜜蜂就能治病，有兴趣的蜂友不妨试一试。注意：蜂毒过敏者禁用。

（河北深州市祁刘村，053873　潘振堂）

鲜王浆可治脚气

本人患脚气多年，什么样的药都用过，严重到两只脚的脚指缝全部溃烂，并扩散至脚面 3 厘米处。痛疼难忍，步履艰难，连拖鞋都不能穿。因我居住的地方距县城较远，附近又无诊所，正好培育的蜂王马上要分台，实在走不开。检查蜂群时发现有自然王台，就顺手掰下来把王浆抹于脚气患处。没过几天发现疼痛有所缓解，于是干脆用浆框移虫1框，到第三天取出王浆，两脚全面涂抹，隔12小时再抹一次。第2天全部结痂，1周后痊愈。时至今日已有6年没有复发。真是有心栽花花不开，无心插柳柳成荫。

（甘肃徽县滨河路21号，742300　黄元华）

蜂毒治疗肩周炎

养蜂场的一名工作人员，在没进养蜂场之前，经常出现肩膀疼痛，织毛衣做家务都困难，经医生诊断为肩周炎，一次在检查蜂群时脖子不小心被蜜蜂螫了一针，一段时间后肩部的疼痛渐轻了，一年随蜂场下来，发现肩周炎消失了，别提多高兴了。

（辽宁沈阳市和平区十一纬路25号1号楼，110003　陈　红）

蜂胶治刺猴有效

我的朋友身上长了两个猴子，不太痛，也不很痒，豆粒大小，就是不好看。到医院治疗，每个猴子须手术费40元，因怕手术效果不理想，医院又说用激光或冷冻法，这两种治疗方法须交费100元，收费真是太高了。我知道后告诉他，最好的办法是把猴子消毒去掉后，把一小块蜂胶（黄豆粒大小）加热贴在患处，既止血止痛又消炎祛毒，7~8天换1次，换2~3次就可完全去除刺猴。无疼痛又完全彻底根除（用胶布固定蜂胶可防其脱落或污染衣服）。请蜂友们一试。

（河北深州市大屯乡祁刘村，053873　潘振堂）

蜂刺能治腱鞘囊肿

2003年秋，我发现左脚外侧长出一个小疙瘩，开始只有花生米大小，不痛不痒，也没在意。但它长得很快，到2004年春长到鸡蛋黄那么大。长在脚上虽不碍大事，但越长越大，影响穿鞋袜。我去医院医治，医生诊断为腱鞘囊肿。据医生说：囊肿只有做手术才能消除，可我就怕做手术，所以，一拖再拖。

· 167 ·

囊肿越长越大，我想尝试活蜂螫刺，开春蜂群排泄后，由于气温变化无常，经常有飞出箱外的蜜蜂，被冻僵在箱外，傍晚我就将冻僵的落地蜂收拣起来，装在塑料袋里，带回屋，屋内温度在18℃左右，我将冻僵的蜂放在暖气旁，大部分能苏醒过来，我就用苏醒复活过来的蜂螫刺囊肿处。由于囊肿较硬，有的蜂想螫但刺不进去，蜜蜂利用率很低，每次有效螫刺只有2～4只蜂。

螫刺后囊肿红肿，断断续续地螫刺10次，后来就停下了。过了一两个月，我左脚外侧那个囊肿竟完全消失了。脚左侧皮肉颜色完好，至今没有复发。我心里有说不出的高兴，用活蜂螫刺避免了开刀之苦，节省了费用，还不耽误时间。如有患上腱鞘囊肿的朋友，不妨也用活蜂螫刺试一试。

（辽宁辽阳市白塔直熊字街3号6组16号，111000　贾玉瑞）

蜂花粉蜂王浆治愈慢性前列腺炎

3年前，我患上了慢性前列腺炎。虽多方求医问药，先后花去了几千元钱，服用中西药，微波理疗等方法，但效果很难令人满意。后来，经一位蜂产品专卖店老板介绍，我尝试服用蜂花粉。服用一星期效果不错。尿频、下腹胀痛的症状明显好转。接着我又买了蜂王浆，配合蜂花粉同时服用。用了3个月后，不但我的慢性前列腺炎治愈了，而且我的性功能、饮食、体质都得到很好的改善。经过这次治病体验，我认识到以后购买保健品不仅要看广告，最重要的是要看疗效。其实只有蜂产品才是货真价实、功效确切的保健食品。

（江苏东台市交巡警察大队台城中队，224200　赵卫宏）

蜂胶治疗牙龈萎缩

有位患牙龈萎缩治疗无效的老人向我倾诉患病的痛苦，牙龈萎缩后引起牙齿根部外露，牙齿松动，加上牙龈溃疡，吃酸辣就感到疼痛，严重影响食欲和情绪。

我建议他用蜂胶治疗，每天用蜂胶酒漱口，但他不喜欢酒味，感觉不好。后来我用开水烫洗蜂胶，压成薄片，让他贴敷在牙龈处，吃东西时取下，吃完后再敷上。为了减少蜂胶有效成分随唾液入胃，我改进了蜂胶膜片，先将蜂胶搓成细条状，切成4cm，外贴塑料薄膜，有蜂胶面向牙龈，将药条压贴在患处，软化后的蜂胶压在牙床处，夜间取下，第二天早晨再贴上，3天换一次。如果白天夜间都敷蜂胶薄膜，有人会嘴唇感到不适，起泡，停药后恢复正常。

为增强疗效，改善牙龈营养状况，每天加食3次油菜花粉，每次1匙，温开水服下。经过一个多月的治疗，牙龈溃疡基本消失，牙龈处较以前红润、丰满，可见萎缩的牙龈得以好转。

（陕西扶风县教育局，722200　张建国）

蜂胶治过敏性鼻炎效果好

我家与饮食摊相邻，受油烟熏患上过敏性鼻炎。经常鼻腔发痒，喷嚏不停，没有办法只好采用棉球沾浓度较高的蜂胶酊塞入鼻孔。让蜂胶酊随空气一起吸入，蜂胶酊直接敷于患处，试用后效果很好，鼻子通气多了，痒也止住了，连续几天痒时就用这个办法，基本上控制住了顽固的过敏性鼻炎。

自己受益后介绍给朋友试用，也治好了朋友多年的鼻炎，使他摆脱了多年对药物的依赖。特此将此法推荐给患有过敏性鼻炎的读者，让蜂疗使更多人受益。

（湖北大悟县府前街16号，432800 杜方建）

蜂胶酒能治哮喘

说起蜂胶酒能治哮喘，这纯属无意中碰巧的事情。小时候我常去祖父开的诊所玩，在那儿能吃到蜂蜜、大枣等，久而久之跟着祖父学会了草药加工和治病的经验，尤其是对蜂蜜的印象最深。说来也巧，我下乡的那个生产队有养蜂场，也就是从那时开始我学养蜂，一直到现在仍养着几十箱蜂。

我家附近有位老王，年近50岁，患有先天性哮喘，平时说几句话就得喘口气，早上起床得先坐在那儿咳嗽一阵，再穿衣服、穿鞋，平时只能干点儿力所能及的事。一人在家闲着总想跟我放蜂。我每年外出放蜂回来都给他带些中草药和蜂胶浸泡的药酒。2004年老王跟我在长白山放蜂，一天采浆女工发现老王不咳嗽了，就问老王吃什么药？这几天不咳嗽了？老王说：什么药也没吃，从家里带来的药还在。经过几天的观察发现老王早起确实不咳不喘了，这可能与经常喝蜂胶补酒有关系。可我心里清楚泡酒用的草药是从老配方中选出专门治疗心脏病的，不是治哮喘的。为了验证蜂胶酒的作用，回家后我用塑料桶装了10多斤蜂胶酒送给老王太太喝，老王太太的支气管哮喘也是久治不愈。经过一个月的服用，老太太的支气管哮喘有明显好转，说话有力气了。从我家的老配方中也未见到这个特效验方。我想蜂胶补酒如果能在治疗哮喘病方面疗效显著，不仅能给我家老配方增添一个新方子，也为支气管哮喘患者带来福音，在蜂胶开发利用上又多了一条新用途。

（吉林梨树县三家子粮库，陈　光）

蜂胶糖治疗扁桃体炎

去年初冬我因患流感，扁桃体发炎，咽食说话都比较困难。无奈之下吃起朋友送的蜂胶糖，一粒接一粒直至入睡前，温水漱水口后就寝。第二天早晨起床后发现，扁桃体肿胀现象基本消失，也不那么痛了。蜂胶糖甘甜中带有一丝药味，口含治病不仅给人以美味，是一种纯天然绿色食品。

（陕西扶风县教育局，722200　张建国）

蜂房验方九则

蜂房，又称蜂巢，包括胡蜂和大黄蜂的蜂巢或连蛹在内的蜂巢。具有攻毒解毒、祛风除湿、攻坚散结、活血止痛等功效。

1. 治扁桃体炎　取蜂房末5克，每日2次口服。

2. 治月经不调及不孕症　取蜂房、益母草各30克，王不留行12克，红花10克。共研末，每次服10克，每日3次。

3. 治慢性肾炎　取蜂房10克，车前草、益母草各30克，六月雪20克，龙葵12克，甘草5克。水煎服，每日2次。

4. 治慢性支气管炎　取蜂房60克，沙参、黄精、川贝母各30克，附子片6克，蛤蚧1对。共研末，每次服5克，每日3次。

5. 治急性乳腺炎　取蜂房12克，桃仁、红花各10克，蒲公英30克。水煎后熏洗。

6. 治阳痿　取蜂房、黄精、雄蚕蛾适量。研末，每次 6 克，白酒送服。

7. 治风寒湿痹　取蜂房、秦艽各 20 克，羌活、独活各 15 克，白花蛇 1 克，宣木瓜 12 克，防风、桂枝各 6 克。水煎服。

8. 治急慢性乙型肝炎　取蜂房、太子参、黄芪各 20 克，虎杖 12 克，五味子 10 克，丹参、丹皮各 15 克。每剂水煎服 2 次，每日 1 剂，1 疗程为 4～8 周。

9. 治疗疮肿毒　取蜂房、淡黄芩各 20 克。煎汤口服，每日 1 剂，3 日为一个疗程。

儿童咳嗽用蜂蜜治疗

在我地小孩凡是因感冒引起的咳嗽都用蜂蜜治疗，效果很好。方法很简单，将锅烧热，倒上 1 勺蜂蜜，待蜂蜜烧开后打入一个鲜鸡蛋或是放半个削皮的梨煮熟后晾温让孩子吃下，服用 2～3 次即可。这种方法孩子又爱吃，又止住了咳嗽。

（河北临城县 118 信箱农科所，054300　吕纪增）

蜂胶酊可治疗手足癣

手足癣是一种浅表真菌性皮肤病，较为常见，尤其在夏季炎热季节易发生或加重。近年来，我采用蜂胶酊加药物治疗手足癣收到满意效果。

一、发病原因

引起手足癣的致病菌 90% 以上是红色癣菌，其次是絮状表皮癣菌、须癣毛癣菌。中医理论认为，由于湿热下注、蕴积肌肤，或风热表邪、壅滞肌表，致气血凝滞，肌表失养所致。《外科正宗》云："癣乃风、热、湿、虫。四者为患"。

二、临床分型

1. 水疱型　常见于手足心、掌跖或趾（指）侧面，多为散发或成群的潜在小水疱，吸干涸后形成点状环形鳞屑，成群的小水疱破裂后可形成点状环形鳞屑，成群的小水疱破裂后可有蜂窝样外观，或融合成片，形成脱屑斑片。自觉瘙痒，继发脓疱后则疼痛。

2. 浸渍糜烂型　多发于三、四趾间，继则传至其他趾（指）间，表现为趾（指）间皮肤潮湿发白，易于剥脱、糜烂、自觉瘙痒。

3. 鳞屑角化型　主要见于掌跖部，表现为皮肤肥厚、粗糙、干燥、脱屑，入冬则易于掌跖侧面发生皲裂。自觉症状不明显，皲裂时可产生疼痛。本型多由水疱型发展而来。

三、治疗

以清热燥湿、杀虫止痒。配方：白藓皮、百部、苦参、苍术、黄柏、花椒、地肤子、土槿皮、明矾各 20g。加水适量煎沸，待温，加入配制的 20% 蜂胶酊 50 毫升，然后将手或足浸泡到药液内，约 20 分钟，自然晾干后可用 20% 蜂胶酊外涂，每日 2 次。

蜂胶加中草药治疗手足癣，有立即止痒之效，轻者 2～3 次即愈，重者需 7～8 次方可治愈。方法简便，无毒副作用，治疗彻底，不易复发。

（河南南阳市靳岗乡十八里岗养蜂场，473000　柳　蕾）

蜂蜜对花粉控制结肠炎效果好

我患结肠炎多年，中医称"五更泻"。曾用电疗切除结肠息肉（腺瘤）11 枚，手术前后我服用过多种治疗结肠炎的中药或西药，效果均不明显。后来我改服蜂蜜对花粉，收到意想不到的效果。具体方法是，将 500g 花粉用少量温开水浸泡 24 小时，再用 1 000g 蜂蜜混合搅拌均匀，置于低温处待服。治疗剂量：每日早晚各服 20～25g；维持剂量：每天早上空腹服 20g 即可。我坚持服用蜂蜜兑花粉 4 年，与其他药物相比更有效，而且无副作用。经肠镜复查，结肠息肉没有复发，炎症也消失了。

我妹妹因肛肠息肉、结肠息肉，20 年先后两次大手术切除，第二次手术后她坚持服用蜂蜜对花粉，服用 3 年多，不但没有复发，而且炎症也消失了。我将此法介绍给几位结肠炎患者，他们服用后普遍反映效果很好。

（吉林大安市江城东路88号，131300　郝淑兰）

蜂蜜加胖大海治慢性咽炎

由于以前工作生活环境的原因，我的烟瘾特别大，每天抽 2 包香烟，患上慢性咽炎。除了有慢性咽炎常见的症状外，如食用过于酸冷、辛辣的食品，咽喉部都有刺痛感。医生建议我戒烟，服用一些治疗咽喉炎的药物。我考虑到一般的咽喉炎药物都比较贵。因长年养蜂远离县城，决定自己治疗，买来胖大海 100 克（100 粒左右），每日清晨，用开水将 1 粒胖大海泡开，待水晾温后，加入 20 克成熟蜂蜜饮用，平时以此粒胖大海当茶饮。当烟瘾犯时，割一小块封盖巢蜜，放到嘴里咀嚼，来控制每日吸烟量。没想到的是，坚持两个多月，慢性咽炎好了，烟瘾也小，并且原有的单侧鼻炎也消失了。

（四川南坪林业局 127 林场，623400　郑大红）

蜂蜜核桃油治胃病、便秘

主治：消化不良，浅表性胃炎、胃胀、十二指肠、便秘。服用方法：蜂蜜与核桃油配比为 3∶1，成年人、老年人服用剂量一般为 6 ~ 9 克，铁核桃油 2 克，10 岁以下小孩蜂蜜剂量 3 ~ 6 克，铁核桃油 1 ~ 2 克。饭前服用，每日 2 ~ 3 次。治病期忌食辛辣味食品、海产品。铁核桃油生长在 1 900 米以上高山上、水沟边，无空气污染，无农药残留。历史上土法生产核桃油时代，城市人、农村人就买来用于炒菜、拌凉菜、凉面、凉粉等佐料，小孩、大人胃病、便秘用来配蜂蜜治病。现在科学研究认为"铁核桃"又名"长寿果"，是世界上著名的四大干果之一，我们的祖先很早就发现了它有"乌发、养颜、健脑、强身"功效，是我国传统的医食两用佳品。野生铁核桃油含不饱和脂肪超过 90%，其中，60% 为不饱和脂肪酸。由于野生铁核桃资源较少且产油率低，加之无农药污染，所以比人工种植的核桃所制的油更为稀罕和珍贵。

（四川攀枝花湖光社区国税局 244 - 1，617000　郑庚智）

蜂蜜防中暑验方

验方1：蜂蜜30克，绿豆70克，甘草5克。用法：将后两味加水煮汤，去渣取汁加蜂蜜调匀，日服2～3次。

验方2：蜂蜜30克，鲜荷叶50克，茶叶4克。用法：将后两味加水煮10分钟，去渣取汁加蜂蜜调匀服用，日服2次。

验方3：蜂蜜30克，鲜荷叶40克，斑鸠占（菜）30克，绿豆芽60克。用法：将后3味加水煎10分钟，去渣取汁加蜂蜜调匀服用，每日2次。

验方4：蜂蜜30克，西瓜汁120克，陈醋10克。用法：三味混匀一次服用。

验方5：蜂蜜30克，胖大海1个，金银花5克，青果3个。用法：上述4味开水泡，当茶饮。

（四川攀枝花湖光社区国税局244－1，617000　郑庚智）

蜂蜜配中草药治病验方

蜂蜜有解毒、降火、调和百药等功能，与中草药配合使用，可达到满意的治疗效果，为此笔者把我地流传在民间的验方，整理出来献给蜂疗工作者和对蜂疗感兴趣的人们。

一、蜂蜜治漆树过敏

在山区漆树分布广泛，被漆树毛感染的人一年四季均有发生，漆树过敏，初期隐隐发痒，患处微红，越挠越痒，被挠部位红肿。以前客家人都用漆大柏清洗患处，需要1～10周才能痊愈。

1998年初夏，我在翻山越岭采集蜜源植物标本时，不慎接触了漆树毛，第二天发痒，难以忍受。当地人建议我用漆大柏烧水清洗，可是漆大柏（叶子像花生叶）寻找很困难，情急之下将蜂蜜涂于患处，顿时感到患部凉爽，舒服了许多，再不用手挠了，之后1日3次，先用清水洗净患处，将棉球蘸上蜂蜜均匀涂上，以蜂蜜不下淌为度。经过4天治疗，患部自然干瘪，比漆大柏效果还好。

二、小儿夜啼不宁

配方：蜂蜜适量，蝉衣 4 只，野葛块根 2
钱。将后两味晒干研成粉末，先用开水煮沸，
去渣，趁热调入蜂蜜，服下，1 日 3 次，分早
晚空腹服用。

三、妇女月经不调

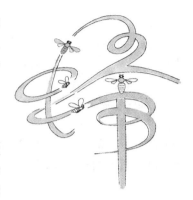

配方：蜂蜜 40 克，鸡血藤 30 克。先用水
煮鸡血藤，待温降兑入蜂蜜（42 波美度），冲
服，分早、晚服用。有补血、舒筋活络的
效果。

（江西龙南县武当镇中华蜜蜂繁殖场，341705 　叶必森）

蜂蜜治疗电光眼炎有特效

电光眼炎是由电焊产生的强烈光使人眼角膜，球结膜受损伤，引起充
血、麻沙感、流泪疼痛。我在自行车焊接摩托车排气管时，不慎被电焊光所
伤，到子夜，两眼疼痛、流泪，难以忍受。虽知人乳汁可医治，但夜深难
觅。想起蜂蜜可治烧、烫伤，并有消炎，防腐作用。随后取蜂蜜少许点于眼
内，当时有一种清凉和轻微刺激感，片刻疼痛减轻，擦净流出的蜜水，又点
一次，不再流泪，疼痛骤减，基本复旧如初。

（山东青州市谭坊医院，262516 　何明春）

蜂蜜和草药是久秘不通良药

大便秘结常见于老年人、身体虚弱、贫血者和小孩，因食粗糙、过硬的
食物而引起气机郁滞不能宣达，通降失常，大便秘结。我多年来用蜂蜜配伍
草药，治患者，效果良好，现奉献给久秘不通的患者。①取蜂蜜 50 克（中
蜂蜂蜜最佳，成熟蜜）。②苏籽菜：新鲜连根带叶 4 棵，洗净泥沙，小孩酌
半。③腊树果：干果 20 粒，采集腊树果，用水冲洗干净，小孩 10 粒。草药
汤去渣冷却后冲入蜂蜜空腹服用 2 剂。

蜂蜜治烫伤

前年油菜花期，我正在化蜡，当将熬好的一锅蜡倒入盆里过滤时，锅耳脱落，溶化的蜡全部倒在脚上，顿时跟火烧般疼痛，脚面上鼓起像皮球大小的泡。情急之下我用刚采的油菜蜜不停地涂抹，夜晚用一块布蘸上蜂蜜包住，再用塑料袋套着伤脚。就这样，不到一星期皮球大的泡蔫了下去，我又用针将泡挑破，挤出水继续抹蜂蜜，没两天皮自然脱落，前后9天便痊愈了，没留下任何疤痕。后来我周围的人凡是被烫伤都这样用蜂蜜治疗，他们都说蜂蜜治烫伤效果真好。

（江西龙南县武当中蜂繁殖场，341705　叶必森）

蜂蜡可以治疗胃疼病

20多年前，我家的二闺女患肚疼病，开始在村里医疗室打针吃药，时轻时重。后又到比较大的医院就诊，还是打了止疼针就有效果，针的效力一过就又是时轻时重。真让家长头疼，急的无可奈何。正在上天无路，入地无门时碰巧有个过路的长者，在我家门口歇脚时看到了闺女肚疼的难受样子。他说："我给你们说个偏方，你可以试试。方法很简单，取蜂蜡100~150克（2~3两），核桃仁250克，先把核桃仁用菜刀切碎成黄豆般大小，然后将蜂蜡用文火化开，并将捣碎的核桃仁下锅与蜡水一同搅拌，时间不要太长，热锅离火后要继续拌成小颗粒块状就算好了。服用时也可再拌些蜂蜜。肚子疼的时候可先少吃一点，多吃几次，每天服用量不要超过75克。

长者走后，我们照方配制，女儿服用后奇迹出现，肚疼的症状渐渐消失，以后多年没有复发。每逢闲暇无事，闲谈起来，老俩口就笑着说：那年在咱门口歇脚的老人真是位好心人。

（河南禹州花石下庄村，461691　卞启昌）

蜂胶酊防蚊蝇叮咬

炎热的夏季蚊蝇猖獗，特别在农村对庄户人家来说是无法克服的，孩子们更是痛苦难耐。多年来我自制的蜂胶酊非常有效，不仅自己家用，还支援别人。不管蚊蝇叮咬还是过敏性皮炎或是湿疹，只要在痒处一抹便立即消失，它几乎成了夏天的必备良药。方法很简单，就是 1 瓶 65° 的白酒对 100 克（2 两）蜂胶，浸泡，待溶解后过滤去渣即可。什么风油精、清凉油效果都不及蜂胶酊。

（江西龙南县武当中蜂繁殖场，341705　叶必森）

蜂毒治骨关节炎疗效神奇

我是一名中学退休教师，也是一名养蜂爱好者。提到蜂毒治疗骨关节炎，也叫退化性关节炎的疗效，还得从自身的经历说起。

记得是 2004 年，我感觉身体下蹲或是上楼抬腿时，左膝有酸痛感。随着时间的推移，病情逐渐加重，下蹲时的疼痛简直让人无法忍受。2005 年 4 月，我到县人民医院检查，诊断为骨关节炎，医生开了处方，有抗骨增生片、磷霉素钙胶囊和尼美舒利分散片。遵照医嘱服完后疼痛依然如故，就拿着处方又到药房买回上述药物继续服用，可是左膝的酸痛丝毫没有缓解。从此，我对药物治疗失去了信心，同时想到了关注多年的蜂疗。我查阅手头关于蜂疗的资料，利用蜂毒治疗风湿性关节炎和类风湿性关节炎的文章和临床实例不少，而对骨关节炎的治疗却没有。凭着我对蜂毒镇痛功能的了解，自己左膝的症状就是单纯的酸痛，蜂毒也许有效。我抱着试试看的想法，开始对左膝蜂疗。根据针灸选配穴位的知识，从 5 月 15 日起我用蜜蜂螫刺左膝，每天 1 次，每次 4 针，两膝眼各一针，另两针螫在阿是穴上。3 天以后，疼痛有所缓解，还是不能往下蹲。在连续螫刺 11 天后奇迹出现了，不仅上楼抬腿没有了酸痛的感觉，而且完全下蹲也没有不适感，和正常的右膝一样了。这次经历让我切实体会到蜂毒的神奇，并对蜂疗产生了极大兴趣。

2006 年 3 月，我得知同事老伴儿（女，69 岁）的左膝已疼痛 7 年，症状比我严重许多，白天走路痛，晚上睡觉也痛。经医院诊断也是患骨关节炎，医生还从她的膝部抽出 30 毫升积水。吃了医生开的药方也不见好转。后来听了我的经历，对蜂疗有了初步认识。3 月 28 日起我用蜜蜂对她的左膝螫刺，每天 4 针，两针螫在膝眼，两针在阿是穴。2 天后感觉疼痛减轻些；螫刺两个疗程（2 星期）后，走路不痛了；第三个疗程结束后，和健康的家庭主妇一样，每天早上步行到菜市场买菜，重新操持起家务，乐得两口子逢人便说蜂疗的神奇功效。

现在我正在系统钻研《中医蜂疗学》《中医基础》和《针灸学》等，

决心把有生之年的余热投入到蜂疗中去，弘扬祖国的传统医学。

（湖南桃源县城莲花湖东路墨缘书法学校，415700　廖子俊）

蜂蜜用途广

滋润肌肤：蜂蜜是皮肤的润滑剂，在秋季干燥季节涂在肌肤上，可防肌肤干裂。早晨取 2 匙蜂蜜用温开水冲服。

治烫伤：皮肤受到灼伤或开水烫伤，可在受伤处擦上蜂蜜，把灼伤部分完全盖上，使伤口与空气隔离，疼痛即止；或用成熟蜜、鸡蛋清混合敷于受伤处，有消炎作用，轻伤更容易痊愈。

治蚂蟥叮咬：被蚂蟥叮咬，难以将蚂蟥拉下时，对准蚂蟥滴少许蜂蜜，片刻蚂蟥便会脱落。若血流不止，可在伤口处涂些蜂蜜止血。

治便秘：将橘皮洗净，切细丝，加适量白糖煮沸，冷却后调入蜂蜜，每次 1 汤匙，每日 3 次。

治咳嗽：蜂蜜能消除喉头干燥发痒的情况，而且使积痰润滑吐出。有这种咳嗽的人，日常可用蜜水当茶水饮用，饮后不仅能使咳嗽次数减少，而且因剧烈咳嗽而损伤喉头的症状减轻。

治尿路感染：患尿路感染，小便时尿道疼痛如刀割，用生车前子 100 克，煎水 1 小碗，加 1 匙蜂蜜，效果不错。

（广西玉林市一环东路 25 号，537000　李伟立）

饮食蜂蜜祛病除燥

蜂蜜煮百合：蜂蜜 500 克，将百合洗净，放入锅内煮熟，捞起，沥干水分，蜂蜜放入锅内，煮沸，把蜂蜜放入百合内拌匀即成。每日 2 次，每次食 50 克，具有清心安神润肺益肾的作用。

萝卜蜂蜜饮：白萝卜 1~3 大片，生姜 3 小片，大枣 3 枚，蜂蜜 30 克。将萝卜片、生姜片、大枣加水适量煎沸约 30 分钟，去渣，加蜂蜜，再煮沸即成。此饮可起到散寒宣肺、祛风止咳的作用。治疗伤风咳嗽，又以治风寒感冒咳嗽最为有效。

豆浆蜂蜜饮：豆浆 250 毫升，蜂蜜 50 克。豆浆烧开，再将蜂蜜加入，搅匀即成。随时饮服，能起到养血润肤的作用。

桃蜜饮：桃花 3 克研末，蜂蜜 10 克入杯，冲入沸水，用蜜水冲服桃花末，每日 2～3 次。宜于肝炎、肝硬化等肝病患者服用。

蜜糖银花露：银花 30 克，蜂蜜 30 克。银花加水 500 毫升，煎汁去渣，冷却后加入蜂蜜调匀，每日数次饮服，适宜防治结核病和流感。

藕汁蜜糖露：鲜藕榨汁 150 毫升，加蜂蜜 30 克，调匀饮服，每日 2 次。适宜鼻出血者食用。

香油蜜：蜂蜜 60 克，香油 30 克。用开水将蜂蜜和香油调和，温服，早晚各 1 次。适宜便秘者食用。

（河北阳原县东井集镇东关街 11 号，刘茹馥）

如何加速蜂针疗效

为了减少蜂螫次数，减少疼痛，具体操作程序如下。

1. 以风湿疼痛为例，先在疼痛点、反射区扎针灸、拔罐，再蜂螫。严重者用牛角、刮板角在疼痛点加大力度按 2～3 下，力度加大到患者"哎呀"为好。此法多用于四肢和肩周。其余部位力度要减小。接着用三凌针、皮肤针破皮，拔罐。最后用蜂螫刺。

2. 要求患者与医者配合，用盐水瓶、市售热水袋盛满沸水紧盖，晚上睡觉时隔内衣在患处热敷。如能 3～4 小时换一次热水，效果更佳。

（湖北洪湖市白庙东晓蜂疗研究室，433201　朱泽显）

鼻出血治疗验方

验方 1：蜂王浆 1 克，青蒿尖叶适量。用法：将青蒿尖叶春烂，加鲜蜂王浆拌匀塞鼻腔，时间 20 分钟取出。青蒿的芳香味往鼻腔冲，有清凉止血的作用，蜂王浆有止痛、止血作用。

验方 2：鲜蜂王浆 10～15 克。用法：每日服 3 次，饭前服用。

验方 3：鲜蜂王浆 2%。用法：用棉签蘸蜂王浆涂患处，每日 4～5 次。

验方 4：蜂胶液（按说明书用），蜂蜜 15 克。用法：两味混匀服，每日 3 次。

验方 5：蜂蜜 20 克、橄榄 15 克，苦荞 30 克春烂、杭菊 6 克。用法：将后 3 味加水煮 5 分钟，取汁加蜂蜜调匀服用，每日 3 次，一天一剂，橄榄可分 2 次嚼服。

验方 6：蜂蜜 20 克，黄花菜 50 克，川楝子 12 克，薄荷 12 克。用法：将后 3 味加水煮取汁，加蜂蜜调匀服用，每日 3 次。

验方 7：蜂蜜 20 克，鲜荷叶汁 25 克，韭菜汁 25 克。用法：三味对匀服用，每日 3 次。

验方 8：蜂蜜 30 克，胖大海 1 个，三七花 3 克，青果 3 个。用法：将上述四味开水泡，当茶饮。

（四川攀枝花湖光社区国税局 244 - 1，617000　郑庚智）

病害防治篇

酒精的妙用

医用酒精是常用的消毒杀菌剂。通常在医药批发门市部有售，浓度是95%，使用时必须稀释成75%的酒精溶液，才能有消毒、灭菌的效能。

成品玻璃瓶装酒精均未装满，留有空间，用清水将空间装满，即稀释成75%，可供直接使用。

下巢础造脾或加脾前，先用酒精喷一下消毒，而后再加入蜂群，即起到了消毒杀菌作用。

在蜜蜂疾病多发时期，每10天用酒精喷一下蜂脾，对白垩病、幼虫腐臭病的病菌感染均有防范作用。白垩病一旦流行，3天喷1次，3次可痊愈。

酒精有毒，喷量应适当，宁少勿多。操作时一定要斜喷，切忌将酒精喷到房眼里，伤害到虫、卵。

（河南登封市送表刘楼，452484　康龙江）

防病小经验

据我多年观察，中蜂囊状幼虫病多发生在季节交替气温变化较大的时期，并且多发生在群势较弱的小群中。针对这些现象，我采取了以下几个防治措施。

首先，把箱内多余的巢脾提出，割去染病幼虫脾，全部换上封盖蜜脾，移到蜂箱内一边，抖蜂入巢，此时巢中已没有幼虫，让蜂群先休养一下。

其次，把巢脾间距加宽1厘米，保温板外空间塞满保温物。蜂群就更容易控制巢内温度，提高蜂群免疫力增强，幼虫能得到精细的护理，幼虫病就会慢慢自愈了。

平时多作箱外观察，少开箱，几天后就可看到蜜蜂忙忙碌碌，进进出出。看到采粉蜂归巢，说明蜂王产卵了，千万不要开箱惊扰蜂群。一个月后，开箱检查，你会发现蜂群已处于增殖状态，工蜂体格健壮，色泽光润，幼虫病完全消失。中蜂就是这么神奇！

（湖南郴州市北湖区市郊乡铜坑湖村卫生所，432000　谭大龙）

升华硫板巧防小蜂螨

升华硫治小蜂螨效果很好的蜂药。可使用不当则会出现蜂王停产或产卵也不能正常孵化的现象以及出现插花子脾。这种现象也必然导致蜂群群势大幅下降。这种情况多是蜂路间撒升华硫过量所致。2009年为解决这一问题，我发明了"升华硫砂纸法"，试用后觉得效果较好，并且比较安全。具体方法介绍如下。

找一块粗号砂纸，先裁成一个长方形，长20~25厘米，宽10厘米，然后把底端两边各裁去2厘米，中间留下巢门宽窄的部分。把升华硫均匀撒在砂纸上，用刮刀刮平。用时可从箱内对准巢门往外插，这样蜜蜂进出蜂箱都要经过踏板，接触撒了升华硫的砂纸上，粉剂附着在蜂足上接触到巢脾各处，小螨受到升华硫熏杀自然无法存活。

（河南禹州市花石下庄村，461670　夏启昌）

食用碱治疗白垩病效果好

蜜蜂白垩病近年来已能有效遏制。但有些地方还是有反弹现象。

有很多药物可治此病，但要花费不少，且费工费时。经过多年试用，这里介绍给广大蜂友一种花费最少，省工省事，方法简单，效果极佳的一种方法。药物就是食用白碱，它能有效防治蜜蜂白垩病。方法是将食用白碱均匀地撒入蜂路中，两头框槽和蜂箱空间也均匀的撒一些。没有固定的量，或多或少均可，量多一点，疗效快一点，量少一点，疗效慢一些。量多少均对蜜蜂无任何影响，不污染蜂产品，没有任何副作用。500克白碱可治10个患病继箱群，群均几分钱，不到10天，白垩病即可消失，一次撒碱即可。

我地蜂友均用此法治疗自己的蜜蜂白垩病，广大蜂友们不妨一试。

（河南西峡职专，474550　陈学刚　庞双灵）

消灭巢虫的好方法

本人养中蜂多年，曾尝试用各种方法治巢虫，收效均不太理想，在不断寻找治虫方法过程中发现，蚊香也可以用于防治巢虫。

众所周知，蚊香驱赶熏杀蚊虫效果很好。利用蚊香熏杀巢虫，同样可以取得很好的效果。既方便快捷，又经济实惠，并且随时随地都可以施用。具体方法如下。

准备一个能装下巢脾的木桶或塑料桶，将蚊香点燃，放在桶底上，另一边放蜂巢，然后把桶盖轻轻盖上，尽可能让蚊香燃烧时间长一点，这样效果会更好。一盘蚊香烧到一半左右时就会自动熄灭。揭开桶盖一看，有许多巢虫被蚊香熏得从蜂巢房爬出来，纷纷落到桶底，绝大部分都被熏死。如果轻轻敲打一会儿巢脾，熏杀效果会好许多。养中蜂的朋友不妨试试看。

（湖南郴州北湖区市郊乡铜坑湖村卫生所 423000　谭大龙）

白垩病预防经验

白垩病是一种顽固性疾病，如有一点马虎，如蜂箱蜂具消毒不彻底就会复发。在每年 9～10 月，凡是得过白垩病的蜂箱、蜜脾、巢框不得与未患过白垩病的蜂箱混合使用。把患白垩病的蜂群用油漆点个记号，用粉笔在巢框上梁上画个记号，越冬前全部换掉彻底消毒，用液化气喷灯烧两次箱子，第一次烧过，用铁刷刷完再烧一次，喷白垩灵 5 次，阴干备用。覆布全部换掉，第二年用前再喷一次，连蜂箱全喷。如果能这样彻底消毒，白垩病就不会复发。请大家试试看。另外，过年春天，凡是往箱里加脾，都须喷脾后再加入箱内。

（黑龙江省鸡东县 650 信箱，158200　祝长江）

清凉油防盗蜂

遍览养蜂书籍，防盗方法五花八门，但用在中蜂群上作用都不太大，我在防盗时想到了驱蚊作用很好的清凉油，把清凉油涂于巢门四周，只见入盗蜂四散而走，虽然气味浓烈，本群蜂还是能快进快出。只要蜂脾相称，适当缩小巢门就行。连用两天就再没看到有盗蜂侵扰的行为了。

（湖南宜章关溪塘下岭，424200　周华元）

卫生球可防蚁

夏季到来，养蜂人都为蚂蚁上箱吃蜂蜜烦恼。摇蜜机、蜜桶上边会淹死很多小蚂蚁，售蜜时也不卫生，特别是在野外放蜂蚂蚁更多。我用一元钱一袋的卫生球防蚁，先给球上滴两滴水，让球湿润一下，和粉笔一样给蜜箱下半部划两道环防线，巢门上也这样划一个环防线，可维持一个月，小蚂蚁不上箱，摇蜜机和捅集中地放。用 4～5 粒用力压成粉，给地上撒一道防线。保证没有一个蚂蚁进入摇蜜机和蜜桶，蚂蚁多的地方可一试。

（陕西渭南市临渭区交斜镇秋丰村，714005　朱照有）

加空脾喷药杀螨法

杀螨是否彻底是养蜂成败的关键。笔者结合每年断子杀螨工作，以后每次给蜂群加空脾，对空脾喷上杀螨水剂晾干再加给蜂群，杀螨效果显著，特作如下介绍，供参考。

每年断子杀螨 3 次。

第一次：采春蜜结束后，于 4 月 1 日开始，关王 21 天，断子后每隔 4 天喷绝螨二号水剂一次，共喷 4 次。浓度及剂量按说明书配制。

第二次：采葵花蜜结束后，于 9 月 1 日开始。

第三次：采桉树蜜结束后，于 12 月 1 日开始。

后两回杀螨方法与第一次相同。以后每次加空脾时，对空脾喷药剂，用两支（2 毫升/支）绝螨二号对水 800 毫升喷空脾，喷药时，来回喷 4 次，至脾上有药液往下滴为止，喷好药液的空脾须晾干后再加入蜂群内。喷过药的空脾晾干后，药液在巢房内干燥后形成结晶体，当幼虫在巢房内生长时，工蜂不断给幼虫喂饲料及水，巢房内的杀螨剂结晶体被水溶解后可杀死部分蜂螨，使蜂群内蜂螨寄生率降至最低。

（通讯员云南禄丰县城教育小区，651200　王德朝）

箱底快速撒升华硫一法

　　养蜂者几乎人人都使用升华硫治螨。最近总结自己见过多位师傅的箱撒升华硫的方法的经验，发明了一种方便快捷的方法简介如下：取一直径1厘米长50厘米小竹一根，劈成两片，取较平直的一片，把"U"形槽内的竹节刮掉，使竹片平直。备好升华硫，准备一小盆，手拿竹片置于盆上，把升华硫均匀撒在竹片上面，然后把撒好升华硫的竹片顺巢门插入箱内，轻轻翻转竹片，把药粉倒在箱底。小群开一个巢门只斜角插入。如果开左右巢门就对角插入。这样，出入巢门包括箱底的蜜蜂都能踩到药粉。这种方法用起来非常方便，50箱只用一小时就可撒完。春夏秋冬都不用开箱，不会起盗。但要注意用药时外界温度和湿度状况，以确保达到高效安全的目的。切记千万不可加大用药量。

（广东惠来县溪西镇双洋村，515235　张汉生）